Tuileva Tuileva

Administração tradicional e legal das terras consuetudinárias em Samoa

Tuileva Tuileva

Administração tradicional e legal das terras consuetudinárias em Samoa

Avaliação das Terras Consuetudinárias com base nas Directrizes Voluntárias sobre a Governação da Posse e no Continuum dos Direitos da Terra da FAO

ScienciaScripts

Imprint

Any brand names and product names mentioned in this book are subject to trademark, brand or patent protection and are trademarks or registered trademarks of their respective holders. The use of brand names, product names, common names, trade names, product descriptions etc. even without a particular marking in this work is in no way to be construed to mean that such names may be regarded as unrestricted in respect of trademark and brand protection legislation and could thus be used by anyone.

Cover image: www.ingimage.com

This book is a translation from the original published under ISBN 978-620-2-05717-2.

Publisher:
Sciencia Scripts
is a trademark of
Dodo Books Indian Ocean Ltd. and OmniScriptum S.R.L publishing group

120 High Road, East Finchley, London, N2 9ED, United Kingdom
Str. Armeneasca 28/1, office 1, Chisinau MD-2012, Republic of Moldova, Europe
Printed at: see last page
ISBN: 978-620-7-77789-1

RESUMO

Muitos dos problemas relacionados com a terra nos pequenos Estados insulares em desenvolvimento são os associados ao planeamento, utilização e gestão da terra. A terra nestas ilhas, que na sua maioria são ainda sociedades agrícolas de subsistência, é tida em grande consideração, não só porque representa mais de metade da sua riqueza nacional, mas também porque está diretamente ligada à segurança alimentar. A agricultura, as pastagens, a silvicultura, a indústria, as infra-estruturas e a urbanização são factores que concorrem entre si para a ocupação dos limitados terrenos férteis e planos disponíveis, bem como dos recursos naturais. Este problema é agravado pelo facto de os PEID estarem na vanguarda da vulnerabilidade às alterações climáticas e aos riscos naturais, devido ao seu isolamento geográfico, à sua pequena dimensão, aos recursos naturais limitados e ao aumento da população e ao rápido desenvolvimento dos centros urbanos.

A posse consuetudinária da terra tem sido criticada como um obstáculo ao desenvolvimento socioeconómico dos países em desenvolvimento, uma vez que as regras e práticas que a regem violam os direitos humanos em termos de equidade no acesso aos recursos e de segurança da posse. A sua administração é uma obscuridade face à evolução dos tempos e da história e é frequentemente a razão dos níveis extremos de pobreza, desigualdade, desenvolvimento económico lento, poluição e planeamento deficiente na maioria dos PEID. [st]Por estas razões, o carácter prático e a relevância da posse consuetudinária da terra são frequentemente questionados no século XXI. Qual é o seu significado e sentido para os povos indígenas e por que razão se recusam a abandonar a sua prática? Como é que o sistema funciona e é administrado em diferentes PICs? Quais são os chamados impedimentos e obstáculos que este sistema coloca ao sistema de planeamento que tem sido apresentado como a melhor opção para o desenvolvimento futuro destas ilhas?

O objetivo desta investigação é aprofundar as questões acima referidas e examinar a importância e o significado do sistema consuetudinário de posse da terra no Pacífico, com especial incidência em Samoa; discutir o seu funcionamento no presente, a sua evolução ao longo do tempo e os processos que contribuíram para essas mudanças. Além disso, examina também a forma como este sistema de posse afecta as operações de ordenamento do território nos estudos de caso escolhidos. Para tal, será utilizado um quadro internacional amplamente utilizado e aceite para a posse e o ordenamento do território, a fim de avaliar a evolução dos dois sistemas e o seu impacto mútuo na região do Pacífico e das Caraíbas, com especial interesse para os estudos de caso de Samoa.

RECONHECIMENTO

Lucas 17:10 Assim *também vós, depois de terdes feito tudo o que vos foi mandado, digais: Somos servos indignos, apenas cumprimos o nosso dever. '*

A **Jeová Deus** seja a glória e a honra, pois sem Ele eu não teria realizado esta tarefa. Ele é a fonte da sabedoria e do conhecimento e nada teria sido possível sem a Sua vontade e poder divinos.

Gostaria de estender os meus sinceros agradecimentos ao **Programa de Bolsas de Estudo CARPIMS** e à **UE** pela prestigiada oportunidade e ao **Sr. Singh**, à **Sra. Nadine Burnett** e à **Sra. Marissa Badall** pelo apoio contínuo. Foi uma viagem e tanto, não só para me desenvolver intelectualmente, mas também para crescer como pessoa e conhecer a bela e diversificada cultura e ambiente de Trinidad e Tobago e da Universidade das Índias Ocidentais, que partilharei com as minhas famílias e colegas de trabalho.

Gostaria também de agradecer o apoio e a ajuda dos meus dois supervisores, o **Dr. Asad Mohammed** e a **Dra. Charisse Griffith-Charles.** Foi uma honra trabalhar e ser orientado por vós e esta investigação não teria sido realizada sem discussões e feedbacks frutuosos e o constante encorajamento recebido de vós.

Ao meu **corpo docente e** ao **Departamento de Ciências Sociais da Universidade Nacional de Samoa.** Obrigado pelas vossas orações.

À minha família e amigos, obrigado pelo vosso apoio. Por último, mas não menos importante, a todos os que tiraram algum tempo das suas agendas ocupadas para participar no inquérito. Agradeço-vos do fundo do coração a vossa inestimável contribuição. Que Deus vos abençoe a todos.

DEDICAÇÃO

Dedico esta tese em memória da minha falecida avó - Fetufa'amaomalagaTuileva. És a razão de tudo o que alcancei e da pessoa em que me tornei hoje. Tenho saudades tuas, mamã.

À minha querida esposa Titilia e às minhas duas lindas filhas Patience e Maylannie. Agradeço o apoio contínuo e as orações.

ÍNDICE DE CONTEÚDOS

CAPÍTULO 1 8

CAPÍTULO 2 17

CAPÍTULO 3 35

CAPÍTULO 4 41

CAPÍTULO 5 46

CAPÍTULO 6 56

CAPÍTULO 7 86

CAPÍTULO 8 117

GLOSSÁRIO

Faa - Samoa: o modo de vida samoano" refere-se ao modo de vida sociopolítico e cultural do povo samoano.

Aiga/Aigapotopoto: Aiga é uma palavra da língua samoana que significa "família". A aiga é a unidade familiar da sociedade samoana e difere do sentido ocidental na medida em que é constituída por mais do que apenas uma mãe, um pai e filhos. Refere-se geralmente à família alargada, que é constituída por vários agregados familiares chefiados por um chefe com um chefe superior que os representa.

Matai: Chefe(s)

Fono a matai: refere-se ao conselho de chefes de aldeia, que é fundamental para a organização da sociedade samoana como forma tradicional e antiga de governação indígena.

Pule faamau: o caso em que um chefe é nomeado autoridade única e detém todos os direitos sobre um pedaço de terra e, por conseguinte, as suas decisões sobre a terra não requerem necessariamente o consentimento da família alargada

Sa'o: o chefe principal da família alargada, responsável pela proteção e atribuição das terras da família.

Tautua: refere-se ao serviço que é prestado pelos homens sem título aos seus chefes, que pode ser sob a forma de comida, dinheiro, proteção e tudo o que for possível ou necessário, conforme solicitado pelo chefe.

LISTA DE ACRÓNIMOS

ADB – PIMC	Asian Development Bank – Pacific Islands Member Countries
AUA	Apia Urban Area
EIA	Environmental Impact Assessment
EPC	Electric Power Corporation
FAO	Food and Agriculture Organization
GDP	Gross Domestic Product
LMD	Land Management Division
LTA	Land and Transport Authority
MDGs	Millennium Development Goals
MNRE	Ministry of Natural Resources and Environment
MWTI	Ministry of Works Transport and Infrastructure
NUS	National University of Samoa
NWU	North West Upolu
PICs	Pacific Island Countries
PIF	Pacific Island Forum
PUMA	Planning and Urban Management Agency
ROU	Rest of Upolu
SBS	Samoa Bureau of Statistics
SIDS	Small Island Developing States
SDS	Strategy for the Development of Samoa
SLC	Samoa Land Corporation
SLPTO	Samoa Land and Titles Protection Ordinance
SPC	Secretariat of the Pacific Community
SPREP	Secretariat of the Pacific Regional Environment Programme
SWA	Samoa Water Authority
UNCED	United Nations Conference on Environment and Development
UNEP	United Nations Environment Programme
UNFCCC	United Nations Framework Convention on Climate Change

UN – OHRLLS	United Nations Office of the High Representative for the LeastDeveloped Countries, Landlocked Developing Countries and Small Island Developing States
VGGT	Voluntary Guidelines on the Responsible Governance of Tenure
WRD	Water Resources Division
WSTEC	Western Samoa Trust Estate Corporation

CAPÍTULO 1

INTRODUÇÃO

1.1 Natureza da emissão

Muitos dos problemas relacionados com a terra nos pequenos Estados insulares em desenvolvimento (PEID) estão associados ao planeamento, utilização e gestão da terra. A terra nestas ilhas, que na sua maioria são ainda sociedades agrícolas de subsistência, é tida em grande consideração, não só porque representa mais de metade da sua riqueza nacional, mas também porque está diretamente ligada à segurança alimentar. A agricultura, as pastagens, a silvicultura, a indústria, as infra-estruturas e a urbanização são factores que concorrem entre si para a ocupação dos limitados terrenos férteis e planos disponíveis, bem como dos recursos naturais. Este problema é agravado pelo facto de os PEID estarem na vanguarda da vulnerabilidade às alterações climáticas e aos riscos naturais devido ao seu isolamento geográfico, às suas pequenas dimensões, aos recursos naturais limitados e ao aumento da população e ao rápido desenvolvimento dos centros urbanos (PNUA 2012).

Por conseguinte, não é surpreendente que a maioria destas sociedades não consiga equilibrar estas exigências, muitas vezes contraditórias, especialmente quando ocorrem catástrofes que têm sido frequentemente a base da agitação social. Por conseguinte, muitos esforços são dedicados ao desenvolvimento de sistemas de administração fundiária para facilitar o planeamento e a gestão do desenvolvimento socioeconómico e do crescimento urbano, a utilização dos recursos naturais e um ambiente sustentável. A maioria dos SIDS é signatária dos Objectivos de Desenvolvimento do Milénio (ODM - 2000), da Convenção-Quadro das Nações Unidas sobre as Alterações Climáticas (CQNUAC - 1992) e da Agenda UN-Habitat (1996), que constituem os principais quadros internacionais que serviram de plataforma para a adoção do ordenamento do território e para a tomada de consciência de que esta é a melhor solução para as implicações negativas da urbanização e das alterações climáticas na terra e nos recursos. Desde então, as autoridades governamentais têm enfatizado os esforços para alterar a estrutura institucional e as legislações da administração fundiária, das que foram deixadas pelos colonialistas para as mais adequadas às suas condições socioeconómicas. A reforma agrária está há muito no centro destes esforços para promover o desenvolvimento económico através da criação de títulos individuais sobre a terra. No entanto, tão estranho como o próprio conceito de urbanização, o planeamento enfrenta o mesmo desafio, uma vez que a maioria das sociedades dos países SIDS se governaram durante milhares de anos utilizando sistemas e mecanismos tradicionais locais baseados nas suas ordens socioculturais prevalecentes (Jones 2002, 186).

O sistema consuetudinário de posse da terra é um dos principais sistemas tradicionais que vigorou durante milhares de anos em muitos SIDS antes da chegada dos europeus. Apesar das grandes alterações introduzidas pelos administradores coloniais, o sistema consuetudinário de posse da terra continua a ser o principal sistema de posse nas ilhas do Pacífico atualmente. Em Samoa, a percentagem de terras consuetudinárias é superior a 80%, o que é muito semelhante a Vanuatu (98%), Ilhas Salomão (90%) e Papua-Nova Guiné (97%), para citar alguns exemplos, o que demonstra como esto sistema de posse está no centro da orientação para o desenvolvimento e do estilo de vida na região do Pacífico (Farran 2011, 66). O mesmo se pode dizer da região das Caraíbas, onde a posse consuetudinária da terra era o sistema dominante antes da chegada de Cristóvão Colombo em 1942 e, mais tarde, dos espanhóis, franceses, holandeses, britânicos e dos Estados Unidos durante o colonialismo e a introdução da escravatura. Apesar da erradicação agressiva da população indígena durante este período, a posse consuetudinária da terra ainda existe atualmente nas comunidades indígenas da Domínica, Belize, Guiana, Suriname e Trindade, que ainda ocupam e comandam uma quantidade substancial de terras e de recursos naturais valiosos (Besson 2003, 32-35).

Os números acima apresentados mostram a importância do sistema consuetudinário de posse da terra para o desenvolvimento dos SIDS. [st]No entanto, este sistema está cada vez mais sob escrutínio no século XXI devido aos níveis crescentes de vulnerabilidades socioeconómicas e ambientais da maioria das populações dos SIDS, devido à sua incapacidade de proporcionar a igualdade de acesso à terra para todos e à subutilização dos recursos da terra devido às leis consuetudinárias que gerem a utilização destas terras. Tem sido continuamente argumentado que a posse consuetudinária no Pacífico e na maioria dos SIDS é uma receita para o subdesenvolvimento e, portanto, uma das principais causas dos níveis incalculáveis de pobreza nas regiões (Hughes 2004, 5). Este é um grande revés para as autoridades de planeamento, uma vez que o sistema de posse de terra de um país é o fator chave que define e regula a forma como as pessoas, as comunidades e outros têm acesso aos recursos naturais. As regras de posse que, no caso da maioria dos SIDS, assumem a forma de costumes e práticas tradicionais não documentados ou parcialmente documentados, determinam quem pode utilizar que recursos, durante quanto tempo e em que condições (FAO 2012). O planeamento da utilização da terra está, portanto, indissociavelmente ligado ao sistema de posse da terra de um país e, por conseguinte, para que as autoridades de planeamento possam gerir e harmonizar eficazmente os desenvolvimentos e alcançar um futuro sustentável tanto para as pessoas como para o ambiente, deve haver um nível de integração e transparência entre a administração dos sistemas de posse da terra e o sistema de planeamento.

1.2 Justificação da investigação

A maioria dos estudos realizados sobre a posse consuetudinária da terra está relacionada com o crescimento económico e assume a perspetiva das teorias da modernização e da evolução, segundo as quais o sistema fundiário consuetudinário constitui um obstáculo ao desenvolvimento económico e ao crescimento dos PEID. Não existem muitas investigações centradas na relação entre a posse da terra e o planeamento da utilização da terra. Embora o ordenamento do território esteja tão intimamente ligado à posse da terra como ao desenvolvimento económico, é geralmente independente ou mantém uma posição neutra e, por conseguinte, nem sempre concorda com o governo, cujas decisões e juízos são por vezes obscurecidos pelo investimento e pela obtenção de lucros em detrimento da sustentabilidade e da proteção do ambiente. Assim, o foco principal desta investigação é examinar esta relação dinâmica entre a posse consuetudinária da terra, como sistema de posse proeminente na maioria dos SIDS, e o planeamento da utilização da terra e discutir as implicações da forma como as terras consuetudinárias são administradas nas operações e no progresso do planeamento.

O estudo centrar-se-á na análise da questão supramencionada a partir de Samoa, como estudo de caso central, com ilustrações de apoio de outras ilhas da região do Pacífico mais alargada. A concentração na região do Pacífico como área de estudo decorre do facto de a maioria das ilhas partilharem muitas semelhanças no que respeita à sua rica história cultural e ao facto de terem sido sujeitas à administração de alguns dos países europeus mais poderosos na era da colonização, bem como às suas características geográficas de pequenas ilhas isoladas com recursos naturais muito limitados e populações em rápido crescimento. Embora existam diferenças no ritmo a que o desenvolvimento progride de ilha para ilha, é evidente que a tónica do desenvolvimento nacional passou de um desenvolvimento agrícola de subsistência para uma economia de mercado livre capitalista moderna.

Apesar das grandes semelhanças existentes entre as ilhas, não é intenção exclusiva do estudo utilizar o Pacífico com base nas características do ambiente físico correspondente e nas vulnerabilidades socioeconómicas e ambientais associadas que todos os SIDS enfrentam. O estudo examinará igualmente as disparidades existentes na administração tradicional e legal das terras consuetudinárias, bem como o estado e a história do ordenamento do território nas duas regiões. Além disso, a familiaridade do autor com a região e o estudo de caso selecionado, juntamente com as suas políticas de legislação fundiária e a disponibilidade de dados, é uma das razões para a inclinação para utilizar o estudo de caso principal e capitalizar o conhecimento e a experiência existentes para demonstrar, explorar e analisar a questão em causa e os principais argumentos desta investigação.

1.3 Problema de investigação

As principais questões que têm sido objeto de debates nos PEID incluem a produtividade da terra e a urbanização nunca foi uma preocupação durante milhares de anos, uma vez que a terra era administrada ao abrigo da posse consuetudinária da terra devido ao baixo crescimento demográfico, à abundância de terra disponível e às sociedades agrícolas simples de subsistência nessa altura. No entanto, na era pós-colonial, os tempos mudaram, tal como o enfoque no desenvolvimento e o estilo de vida em muitos SIDS. Com a introdução da globalização, passou-se da agricultura de subsistência para as actuais economias de mercado capitalistas e, por conseguinte, pouco depois da partida das potências coloniais e da independência da maior parte dos PEID, as pessoas abandonaram o estilo de vida agrícola rural e deslocaram-se para as zonas urbanas.

Num curto espaço de tempo, a população urbana da região do Pacífico multiplicou-se dramaticamente. Em 2011, 2,03 milhões de pessoas residiam em zonas urbanas do Pacífico e 5 dos 14 países membros das ilhas do Pacífico do Banco Asiático de Desenvolvimento (BAD) eram predominantemente urbanos e 7 destas 14 ilhas tinham uma percentagem de população urbana que excedia 40% da sua população total. Ilhas como a Papua-Nova Guiné registaram uma população urbana de 67% da sua população total, semelhante à das Ilhas Cook - 72%, Palau - 77%, Fiji - 51%, Ilhas Marshall - 65% e Nauru - 100% (ADB 2012). Tendências semelhantes foram identificadas na região das Caraíbas, onde 61,6% da população da região foi registada a viver em áreas urbanas a partir de 2000 e espera-se que aumente para 71,5% até 2020 (UN-Habitat 2009).

Este aumento espetacular do padrão da população urbana nos PEID está associado a problemas crescentes de desemprego, criminalidade, colapso social e aglomerados populacionais, que têm contribuído de forma significativa para a deterioração do ambiente. Estes problemas são ainda agravados pelas vulnerabilidades económicas da região devido à localização remota das ilhas, que limita os seus benefícios em termos de economia de escala e aumenta os custos de transporte, bem como as vulnerabilidades ambientais decorrentes das alterações climáticas e dos riscos naturais, que constituem uma grande ameaça para os seus ecossistemas frágeis e recursos naturais limitados. A dimensão destes problemas é ainda agravada pela escassa capacidade de absorção do capital financeiro e humano dos novos governos.

Assim, o governo, ao adotar os quadros jurídicos internacionais de planeamento, deu prioridade ao desenvolvimento de legislações e órgãos administrativos de planeamento como a chave para orientar a utilização e gestão sustentáveis dos recursos naturais ameaçados, assegurar o crescimento saudável da economia através de desenvolvimentos amigos do ambiente, minimizar as consequências da urbanização e, especialmente, o seu papel fundamental na proteção da saúde e segurança públicas. No entanto, os esforços enviados na reforma agrária e na criação de novas legislações e políticas de administração fundiária, mais adequadas às condições socioeconómicas e ao estilo de vida actuais e que substituam as antigas, criadas pelas potências coloniais, parecem ser nulos. Isto deve-se à história colonial agressiva destas ilhas no passado, caracterizada pela alienação de terras através de medidas manipuladoras e violentas, que afectou as atitudes sensíveis e protectoras dos povos indígenas em relação às suas terras tradicionais.

A posse consuetudinária da terra tem sido criticada como um obstáculo ao desenvolvimento socioeconómico dos países em desenvolvimento, uma vez que as regras e práticas que a regem violam os direitos humanos em termos de equidade no acesso aos recursos e de segurança da posse. A sua administração é uma obscuridade face à evolução dos tempos e da história e é frequentemente a razão dos níveis extremos de pobreza, desigualdade, desenvolvimento económico lento, poluição e planeamento deficiente na maioria dos PEID. [st]Por estas razões, o carácter prático e a relevância da posse consuetudinária da terra são frequentemente questionados no século XXI. Qual é o seu significado e sentido para os povos indígenas e por que razão se recusam a abandonar a sua prática? Como é que o sistema funciona e é administrado nos diferentes países insulares do Pacífico (PIC)? Quais são os chamados impedimentos e obstáculos que este sistema coloca ao sistema de planeamento que foi apresentado como a melhor opção para o desenvolvimento futuro destas ilhas?

O objetivo desta investigação é aprofundar as questões acima referidas e examinar a importância e o significado do sistema consuetudinário de posse da terra no Pacífico, com especial incidência em Samoa; discutir o seu funcionamento no presente, a sua evolução ao longo do tempo e os processos que contribuíram para essas mudanças. Além disso, examina também a forma como este sistema de posse afecta as operações de ordenamento do território nos estudos de caso escolhidos. Para tal, será utilizado um quadro internacional amplamente utilizado e aceite para a posse e o ordenamento do território, a fim de avaliar a evolução dos dois sistemas e o seu impacto mútuo na região do Pacífico e das Caraíbas, com especial interesse para os estudos de caso de Samoa.

1.4 Objectivos da investigação

O principal objetivo da investigação é analisar a administração das terras consuetudinárias nos dois estudos de caso escolhidos e discutir as implicações desse processo no sistema de ordenamento do território.

Sub-objectivos:

> Examinar o significado e o sentido das terras consuetudinárias para os dois

estudos de elenco seleccionados;

> Discuta o estado das terras consuetudinárias antes da chegada dos administradores europeus e as mudanças resultantes que o colonialismo iniciou no funcionamento tradicional da posse de terras consuetudinárias;

> Avaliar a atual relevância e praticabilidade da posse consuetudinária da terra utilizando o Quadro FAO - VGGT e o Continuum de Direitos da Terra da ONU-Habitat;

> Determinar o contexto legislativo e administrativo do ordenamento do território em Samoa; e

> Determinar as implicações da administração de terras consuetudinárias no planeamento do uso da terra.

1.5 Esboço da tese

Capítulo I - Introdução: Este capítulo compreende a introdução, um enquadramento geral e uma breve discussão do problema e da justificação da investigação. Inclui também o objetivo principal da investigação e os subobjectivos que foram desenvolvidos para responder às principais questões e argumentos do documento.

Capítulo II - Metodologia: Este capítulo explica a abordagem metodológica que o documento adoptará para obter as informações necessárias e as fontes dos dados recolhidos para apoiar os seus principais argumentos.

Capítulo Três - Revisão da Literatura: A revisão da literatura analisa a informação e os materiais existentes sobre a questão abordada nesta investigação para legitimar a justificação da realização desta investigação e lançar as bases dos argumentos do documento, apontando trabalhos anteriores que foram realizados sobre a mesma questão.

Capítulo Quatro - Quadro de Planeamento da Utilização dos Solos - Samoa:

Analisa e discute as funções legislativas e administrativas da Agência de Planeamento e Gestão Urbana (PUMA) enquanto órgão estatutário do governo responsável pelo planeamento urbano em Samoa.

Capítulo V - Estudo de fundo: Este capítulo contém os pormenores da área de estudo escolhida. Trata-se de uma panorâmica geral das características físicas, políticas e socioeconómicas dos dois estudos de caso seleccionados.

Capítulo Seis - Resultados e conclusões: Este capítulo apresenta os resultados do trabalho de campo e a informação que foi recolhida a partir da metodologia adoptada.

Capítulo Sete - Discussão e análise: Este capítulo analisa as conclusões e os resultados e discute-os de acordo com os objectivos e os principais argumentos da investigação.

Capítulo Oito - Conclusões e recomendações: O último capítulo apresenta conclusões baseadas nos objectivos da investigação e recomendações para estudos futuros

CAPÍTULO 2

REVISÃO DA LITERATURA

2.1 Introdução

Este capítulo apresenta uma breve visão da administração tradicional das terras consuetudinárias em Samoa, com alguns exemplos de outras ilhas do Pacífico, a fim de compreender o significado das terras consuetudinárias para os povos indígenas da região. Além disso, será discutido o modo como o sistema evoluiu para o atual quadro de administração fundiária. Isto será feito através da análise da dupla existência do sistema informal tradicional e do sistema formal e da discussão da administração legal, política e institucional da posse da terra no estudo de caso escolhido.

Além disso, irá discutir os dois quadros internacionais de posse de terra de renome até à data - Directrizes Voluntárias sobre a Governação Responsável da Posse de Terra (VGGT) da Organização para a Alimentação e Agricultura (FAO) e o Continuum dos Direitos da Terra da organização UN-Habitat. Esta secção tentará esclarecer os princípios e conceitos orientadores dos dois quadros e a sua praticabilidade como solução ideal para os problemas comuns de posse que o mundo enfrenta atualmente e, ao fazê-lo, lança as bases para a avaliação da legitimidade e adequação da administração consuetudinária da posse da terra em Samoa.

2.2 Terras consuetudinárias - O que significa para os povos indígenas

As terras consuetudinárias podem ser interpretadas de várias formas e significados em diferentes países e regiões, mas são geralmente referidas como um sistema de relação com a terra em que a propriedade é conferida de forma colectiva por famílias, linhagens ou clãs e é normalmente governada e protegida de acordo com costumes e tradições específicos conhecidos de uma determinada tribo ou comunidade (Ollenu, 1962). Crocombe (1987, 4), que efectuou uma extensa investigação sobre as terras consuetudinárias no Pacífico, escreveu que "uma pessoa não é realmente proprietária da terra; é proprietária de direitos sobre a terra". Assim, uma vez que os direitos sobre a terra são propriedade da comunidade, todas as decisões sobre essas terras devem obter uma forma de consentimento de toda a comunidade ou clã, o que torna a terra e as pessoas inalienáveis. No entanto, este sistema de posse e de direitos sobre a terra tem sido constantemente ameaçado desde o colonialismo, um processo descrito por Gutto como "um convidado para a terra e uma missão cujo cumprimento exigiu a negociação e a marginalização de reivindicações e relações de propriedade pré-existentes e a criação de novos regimes de propriedade orientados para o capitalismo" (1995, 13).

Apesar da variação na administração das terras consuetudinárias em diferentes partes do mundo, na maioria dos casos assemelha-se à mesma importância em termos de valor e papel para as comunidades indígenas. A terra é um recurso fundamental para a sobrevivência dos povos indígenas, não só porque os define como povos através da sua interação com a terra, mas também porque constitui a principal fonte de subsistência. Antes da chegada dos europeus, os povos indígenas governaram-se a si próprios com os seus próprios costumes e tradições durante milhares de anos e, por isso, têm uma ligação especial com os locais que ocupam. Muitos aspectos das suas vidas e relações sociais estão enraizados em ambientes naturais tradicionais e dependem da sua capacidade de aceder a esses recursos, pelo que separar e isolar os seres humanos dos seus ambientes naturais ou ameaçar esta relação especial é praticamente o mesmo que destruir a unidade familiar e pôr em causa a continuidade da vida. Os rituais tradicionais e as noções de espiritualidade estão ligados a uma paisagem específica, incluindo sítios e recursos sagrados.

[st]Assim, as tentativas de individualizar os títulos de propriedade para fins de desenvolvimento económico no século XXI são parcialmente apoiadas pelas populações indígenas porque a terra é mais significativa para elas do que apenas o seu valor capital. De acordo com Crocombe (1987), para o povo samoano, a terra é a base

da segurança psicológica, pois dá-lhes identificação - um lugar a que pertencer e o exercício desses direitos fundiários é, de certa forma, a marca da cidadania. Em Samoa, as terras devolutas são muito mais valorizadas do que as terras consuetudinárias, com base numa interpretação restritiva do seu valor de mercado calculado para efeitos de tributação da propriedade. Este facto não agrada a muitos samoanos, que afirmaram que "existem atributos cumulativos muito mais importantes e gamas de valores de terras consuetudinárias que, no seu conjunto, as tornam inestimáveis e que nenhuma quantia de dinheiro no mundo, por maior que seja, pode ser considerada adequada, comparável ou um valor de substituição apropriado para qualquer átomo ou partícula de terras consuetudinárias" (GOS 2006, 10-13)

Na opinião do povo samoano, as terras consuetudinárias são a "fonte de vida, cultura, tradição, identidade, espiritualidade, alimentos e água, língua, fitoterapia, saúde, meios de subsistência sustentáveis, recursos da biodiversidade, energia, florestas, agricultura, avifauna, abrigos e habitações, o local onde se enterram os cordões umbilicais, o que representa a propriedade, a família e a pertença inerente a essas terras; todos os membros da família alargada têm igual direito como herdeiros dessa terra, quer residam nela quer vivam fora de Samoa, e, por conseguinte, têm laços fortes, inerentes e vitalícios com essa terra; e quando os membros da família morrem, o facto de terem começado a vida com os seus cordões umbilicais enterrados nessa terra torna mais importante e investe num samoano uma obrigação para com essa terra e anseia que sejam aí enterrados e uma forma de permitir que a família continue mesmo na morte" (GOS 2006, 31-35)

Essencialmente, para os povos indígenas, o controlo de terras e territórios específicos permite a realização de três objectivos básicos:

"Em primeiro lugar, manter uma relação espiritual com as áreas que ocupam há gerações; em segundo lugar, evitar padrões de desenvolvimento que ponham em perigo o seu modo de vida ou que os impeçam de realizar actividades tradicionais; e, em terceiro lugar, gerir os recursos das suas terras e desenvolver actividades económicas coerentes com a sua cosmologia e a sua abordagem à autossuficiência." (Susskind e Anguelovski 2008, 17).

2.3 Quadro de administração fundiária - Samoa

2.3.1 Sistema tradicional de administração de terras

Os samoanos são conhecidos por serem um dos países mais extremamente conservadores em termos da sua cultura. De acordo com Crocombe (1987, 1), "a tradição morre duramente em Samoa devido à proteção vigorosa e firme da maioria dos aspectos do modo de vida samoano; e esta resistência à mudança raramente é vista noutras ilhas do Pacífico". O faa-Samoa (modo de vida samoano) baseia-se na 'aiga' (família alargada), que é a unidade social dominante na tomada de decisões sobre os tesouros tradicionais importantes, como os títulos e as terras. Em Samoa, a maior parte da população encontra-se dispersa pelas planícies costeiras das ilhas em aldeias, que são povoações compostas por famílias alargadas que podem ir de cinquenta a cem. No modo de vida tradicional samoano, a ambilateralidade ou a reivindicação de pertença à família pode ser feita através de laços de sangue, casamento ou adoção, enquanto a filiação residencial após o casamento é decidida de forma ambilocal. Embora exista um certo grau de aceitação e de prática do matriarcado nos dias de hoje, é evidente o predomínio do sistema patrilinear associado à herança dos títulos de chefe, que tem uma ligação inseparável com os direitos fundiários (Nayacakalou 1960, 105 - 112).

No sistema de posse consuetudinário samoano, a terra é propriedade da 'aiga' (família alargada) e o chefe, que detém o título associado às terras da família, é apenas um nomeado que esta elegeu para proteger os seus interesses sobre a terra e representar a família nos assuntos do conselho da aldeia (Crocombe 1987). A autoridade do chefe sobre as terras da família é limitada pela sua responsabilidade como chefe na proteção dos interesses da sua família e no cuidado com ela e, no caso de a família alargada achar que o chefe não cumpriu as suas responsabilidades ou que a sua autoridade é demasiado dura, têm o poder de lhe retirar o título e de o atribuir a outra pessoa que acham que fará um trabalho melhor.

Para se qualificar para a sucessão do título de chefe, a ligação de sangue é talvez o fator mais importante e básico. Contudo, em alguns casos, quando o chefe principal da família alargada falece, o seu título pode ser herdado pelos seus herdeiros, mas a 'pule' (autoridade) sobre as terras da família pode ser confiada a outra pessoa com experiência cultural e idade, tal como o irmão do chefe falecido ou quem quer que a família alargada considere que se enquadra no papel (Crocombe 1987). Como já foi referido, as reivindicações de ligação familiar e de título também podem ser feitas através de adoção. Apesar de as reivindicações de título por parte dos herdeiros de sangue serem mais favoráveis, os filhos adoptivos também são qualificados para a seleção, especialmente se tiverem "residido com a família durante tempo suficiente e tiverem prestado serviços substanciais à família e ao chefe, de forma a serem considerados como um membro genuíno" (Nayacakalou 1960, 109).

Em todos estes casos, quem consegue herdar o título e a autoridade sobre a terra significa que prestou um serviço notável à família e à aldeia, como diz um famoso provérbio samoano: "O le ala ile pule o le tautua" (o caminho para a liderança passa pelo serviço). Por conseguinte, para se qualificar como portador do título e assumir as responsabilidades de guardar as terras da família, é necessário ser tido em grande consideração pela família, ter residido com a família durante um período de tempo considerável, ser alguém que promova a harmonia e a paz e ser também ratificado pelo conselho da aldeia através do seu vasto conhecimento dos costumes, tradições e funções associadas ao título atribuído.

Pelo contrário, o sistema tradicional informal samoano de posse consuetudinária da terra é orientado pelos seguintes princípios

❖ A propriedade da terra é atribuída à aiga (família alargada);

❖ Tal como a terra, o título é propriedade da família e, por conseguinte, esta tem

autoridade para eleger quem considerar mais qualificado para o possuir e, se essa pessoa não administrar a terra de acordo com o interesse da família, o título será retirado e entregue a alguém que actue de acordo com a vontade e as exigências da família;

❖ O título tem uma relevância imediata na estrutura política mais ampla, em termos da qual as terras detidas pela família alargada têm significado apenas enquanto pertencentes a este título;

❖ Embora o título de chefe dê a um indivíduo autoridade sobre a terra, ele é meramente um representante eleito pela família para agir em seu nome na defesa dos seus interesses sobre a terra; e, mais importante ainda, não lhe dá o poder de transferir essa terra em regime de taxa simples, uma vez que tem de procurar alguma forma de consentimento da família alargada antes de qualquer decisão que afecte a terra;

❖ É da responsabilidade do chefe subdividir a terra entre os membros da sua família e, em troca do direito exclusivo a esse pedaço de terra, as famílias devem colher a terra para prestar serviço ao seu chefe;

❖ O título de chefe é herdado através de ligações de sangue, adoção, idade e riqueza de experiência nos costumes e tradições da aldeia e, especialmente, prestando serviços substanciais ao chefe.

2.3.2 Sistema de administração fundiária legal

Samoa, tal como muitos dos seus homólogos das Ilhas do Pacífico, mantém um sistema de pluralismo jurídico que é referido como uma "dicotomia entre o direito consuetudinário ou tradicional e o direito estatal ou entre a justiça informal e a formal" (Corrin 2009, 31). O direito tradicional ou consuetudinário foi reconhecido pelas Constituições de muitos países insulares do Pacífico como uma fonte formal de direito. Nas Ilhas Salomão e em Vanuatu, as leis tradicionais não dependem necessariamente do reconhecimento constitucional para a sua validade e, fora das zonas urbanas, o direito consuetudinário é a *lei* (Brown 2005). [thth]Após milénios de administração tradicional, foram introduzidas alterações no sistema de administração fundiária de Samoa na sequência da sua descoberta e colonização pelos europeus entre o final do século XVIII e o início do século XIX. Em 1864, com o estabelecimento dos consulados do Reino Unido, da Alemanha e dos Estados Unidos em Samoa, abriu-se o caminho para a alienação consuetudinária de terras através de reivindicações de terras que representavam metade da área total do país. Esta prática foi proibida pelo Tratado de Berlim em 1889 e, nessa altura, apenas 8% das reivindicações de terras eram aprovadas pelo tribunal (GOS 2006, 3 - 5).

A administração alemã sobre Samoa, que teve início em 1899, terminou em 1914, quando a ilha foi ocupada pela força expedicionária neozelandesa e, sob a sua administração, todas as leis alemãs foram abolidas e as terras consuetudinárias foram declaradas propriedade do governo (Ye 2009, 829). Samoa adquiriu plenos poderes legislativos quando se tornou politicamente independente, em 1962, e a sua nova Constituição previu a criação do Tribunal de Terras e Títulos, que substituiu o Tribunal de Terras e Títulos Nativos que existia em 1937 sob a administração da Nova Zelândia (Tiffany 1974). O Tribunal de Terras e Títulos trata explicitamente de questões relacionadas com títulos de propriedade e terras consuetudinárias e a sua jurisdição baseia-se em grande medida na Constituição, na Lei de Alienação de Terras Consuetudinárias de 1965, na Lei de Terras e Títulos de 1981 e nos costumes e tradições samoanos relativos à utilização de terras consuetudinárias.

Antes da independência, em 1962, Samoa funcionava ao abrigo da Ordem de Registo Predial de Samoa de 1920, que segue o sistema neozelandês, em que as terras eram registadas como terras da Coroa, terras europeias e terras nativas. Este sistema foi posteriormente alterado pela nova Constituição de Samoa após a independência, passando as terras da Coroa a ser designadas por "terras públicas", as terras europeias por "terras livres" e as terras indígenas por "terras consuetudinárias". Em 2008, o Parlamento aprovou uma nova lei denominada "Land Titles Registration Act", que foi promulgada em 2009. Esta lei segue o sistema Torrens, que exige o registo de títulos e, por conseguinte, define claramente os direitos e a propriedade da terra atribuídos a uma determinada pessoa (Ye 2009, 831 - 834).

Os princípios do sistema Torrens não só estão em contradição com o sistema de registo de escrituras existente na altura, em que o registo público apenas mantém e regista transacções e documentos que afectam interesses em

A Lei de Terras consuetudinárias foi aprovada, mas foi largamente contestada pelo público, uma vez que contrariava o conceito central de terras consuetudinárias, em que a propriedade é atribuída à família ou a um grupo de pessoas e não a um indivíduo. Posteriormente, foram introduzidas alterações à lei para excluir a sua aplicação às terras consuetudinárias, com exceção das que têm licença e arrendamento e das terras consuetudinárias que foram adjudicadas pelo Tribunal de Terras e Títulos. No entanto, muitos criticam o facto de a interpretação vaga da Lei, que deixa espaço para que o significado de terras consuetudinárias seja debatido e redefinido em tribunal, acabar por eliminar a certeza no que diz respeito à sua inalienabilidade (lati 2009, 7 - 10)

Atualmente, a Divisão de Gestão de Terras, criada no âmbito do Ministério dos Recursos Naturais e do Ambiente de Samoa, está encarregada de manter o registo de terras para o registo de terras do Estado, de terras livres em regime de propriedade simples, de arrendamentos e licenças de terras consuetudinárias e de outros instrumentos registáveis. A divisão é responsável pela manutenção e fornecimento de todas as informações e mapas relativos aos terrenos consuetudinários, pelo tratamento dos pedidos de arrendamento de terrenos consuetudinários, pelos serviços de avaliação de propriedades e terrenos e por outras transacções ou interesses relativos a todos os tipos de terrenos em Samoa.

As seguintes legislações contêm disposições que constituem a base da administração legal das terras consuetudinárias em Samoa:

(a) . Constituição do Estado Independente de Samoa (1960)

❖ O artigo 101.º classifica todas as terras de Samoa em terras consuetudinárias, terras livres e terras públicas ou governamentais;

❖ As terras consuetudinárias são definidas no n.º 2 do artigo 101.º como terras detidas de acordo com os usos e costumes samoanos e com a legislação relativa aos usos e costumes samoanos;

❖ O artigo 102.º proíbe a alienação de terrenos consuetudinários, exceto nos casos em que uma lei do Parlamento possa autorizar (a) a concessão de um arrendamento ou licença de qualquer terreno consuetudinário ou de qualquer interesse nele existente; e (b) a tomada de qualquer terreno consuetudinário ou de qualquer interesse nele existente para fins públicos;

❖ O artigo 103.º prevê a criação do Tribunal de Terras e Títulos com competência exclusiva para tratar dos títulos matai e das terras consuetudinárias, tal como previsto na Lei.

(b) . Loi sobre a alienação de terras consuetudinárias (1965)

❖ Na Secção 4, o Ministro pode arrendar ou licenciar terrenos consuetudinários para fins autorizados, tais como fins públicos, agrícolas, florestais, de produção florestal, hoteleiros, industriais, comerciais ou empresariais, na qualidade de fiduciário dos beneficiários efectivos;

❖ O proprietário beneficiário inclui qualquer samoano que tenha direito em equidade a ocupar a terra consuetudinária ou a participar na ocupação da mesma ou a ter o rendimento da mesma ou uma parte do rendimento pago ou mantido em confiança para ele, ou que tenha direito em equidade a qualquer benefício contingente ou em reversão; e não inclui qualquer samoano que detenha qualquer terra ou interesse apenas por meio de confiança, hipoteca ou encargo.

(c) . Lei de Terras e Títulos (1981)

❖ Cria o Tribunal de Terras e Títulos, com competência exclusiva para tratar de todas as questões relacionadas com os títulos e as terras consuetudinárias de Samoa;

❖ A Parte III da Lei de Terras e Títulos de 1981 trata das terras consuetudinárias;

❖ A secção 8 define os terrenos consuetudinários como (a) Terrenos Samoanos de propriedade plena (na aceção da secção 13 do Samoa Land & Titles Protection Ordinance 1934 (SLPTO), declarados pelo Tribunal, nos termos da secção 16 do SLPTO, como estando em conformidade com os usos e costumes do povo Samoano; (b) Terras de propriedade livre de Samoa (na aceção da secção 13 da SLPTO), quando, nos termos do artigo 17.o da SLPTO, tenha sido feito um considerando ou uma declaração em conformidade com uma subvenção governamental ou outra, testamento, transferência, arrendamento, garantia ou outra escritura ou documento, segundo o qual essas terras são mantidas em conformidade com os usos e costumes do povo de Samoa; e c) Quaisquer terras declaradas pelo Tribunal como terras consuetudinárias nos termos da secção 9 da presente lei;

❖ No artigo 9.º, uma decisão do tribunal, proferida com o consentimento de todas as partes, declarando que essas terras são terras consuetudinárias;

❖ O artigo 10.º prevê o levantamento das terras consuetudinárias, conforme exigido pelo Conservador, para definir as terras ou os limites objeto de uma petição ou de um pedido de pulefaamau (autoridade declarada);

❖ As secções 11-13 prevêem o registo de terras consuetudinárias. A Secção 11 exige que o Escrivão do tribunal transmita ao Registo Predial todas as decisões do tribunal relativas ao título ou estatuto de qualquer terra consuetudinária; e todas as Ordens ou Declarações feitas ao abrigo das Secções 8 e 9. A Secção 12 exige que o Conservador do Registo Predial registe todas as sentenças, ordens ou declarações recebidas ao abrigo da Secção 11; e que inscreva um memorial no Registo Predial para esse efeito.

(d) . Lei da Tomada de Terras (1964)

❖ Prevê a tomada obrigatória, pelo governo, de terras consuetudinárias e de terras devolutas para fins públicos, mediante uma indemnização justa e equitativa;

❖ Estabelece o procedimento a adotar;

❖ Prevê a apresentação de um pedido ao Tribunal para determinar o que é uma indemnização justa e equitativa no caso de a indemnização oferecida pelo Governo não ser aceite pelos proprietários das terras consuetudinárias ocupadas.

(e) . Lei sobre os fonos de aldeia (1984)

❖ O Artigo 5 confere ao Fono da Aldeia (a) o poder de estabelecer regras para a manutenção da higiene na aldeia; (b) o poder de estabelecer regras que regem o desenvolvimento e a utilização das terras da aldeia para o melhoramento económico da aldeia; e (c) o poder de ordenar a qualquer pessoa ou pessoas que efectuem qualquer trabalho que deva ser feito de acordo com as regras estabelecidas em conformidade com os poderes concedidos ou preservados pelas alíneas (a) e (b);

❖ Secção 5(3) - Qualquer pessoa é culpada de conduta imprópria na aldeia e pode ser punida pelo seu Fono de Aldeia se não obedecer a qualquer regra ou direção feita ou dada em conformidade com os poderes concedidos ou preservados por esta secção;

❖ A punição está de acordo com os usos e costumes da aldeia e inclui (a) o poder de impor uma multa em dinheiro, esteiras finas, animais ou comida; ou em parte numa ou noutra destas coisas; e (b) o poder de ordenar ao infrator que realize qualquer trabalho nas terras da aldeia.

2.4 Directrizes Voluntárias para a Governação Responsável da Posse de Terra (VGGT - FAO)

A maioria, se não todos os quadros de administração de terras de renome existentes hoje em dia, baseiam-se vagamente nos conceitos de modernização e teorias evolucionárias que associam a posse tradicional e informal à insegurança da posse, ao mesmo tempo que enfatizam os títulos individuais e a propriedade privada como o objetivo final ou o caminho a seguir para o desenvolvimento económico nos países em desenvolvimento. Isto é geralmente criticado porque tal tentativa parece minar todos os outros direitos e posse de terra existentes que são praticados em muitos outros países e esta escola de pensamento é vista como uma ideologia predominantemente ocidental (Whittal 2014).

A Orientação Voluntária sobre a Governação Responsável da Posse da Terra (VGGT) tem uma abordagem diferente em relação à posse da terra, uma vez que se baseia nos direitos humanos à segurança alimentar, à igualdade de género e outros, que são alcançados através do acesso à terra ou dos direitos sobre a terra. Ao contrário das teorias da modernização e do desenvolvimento evolutivo, que apenas enfatizam o valor de mercado da terra, a VGGT incentiva o reconhecimento dos valores sociais, culturais, espirituais, económicos, ambientais e políticos que têm sido atribuídos à terra pelos povos indígenas e outras comunidades com sistemas de posse consuetudinários (FAO 2012, 3-9).

Além disso, promove a coordenação entre o Estado e as comunidades tradicionais, impondo a ambas as partes a obrigação de garantir que o sistema de administração fundiária em vigor seja capaz de facilitar e apoiar os direitos humanos à alimentação, à água e a outras necessidades básicas, bem como a igualdade entre homens e mulheres no que respeita ao direito de possuir terras e à tomada de decisões sobre essas terras. De acordo com a diretriz, "os povos indígenas e outras comunidades com sistemas de posse consuetudinária que exercem a auto-governação da terra devem promover e proporcionar direitos equitativos, seguros e sustentáveis a esses recursos, com especial atenção para o acesso equitativo das mulheres. A participação efectiva de todos os membros, homens, mulheres e jovens, nas decisões relativas aos seus sistemas de posse deve ser promovida através das suas instituições locais ou tradicionais, incluindo no caso de sistemas de posse colectiva" (FAO 2012, 12 - 14).

Embora aborde o desenvolvimento económico e a sustentabilidade ambiental, que são questões amplamente priorizadas por outros quadros existentes, é numa perspetiva orientada para os direitos humanos que todos os direitos sobre a terra e os direitos fundiários existentes têm de ser respeitados e tidos em conta. A abordagem participativa e inclusiva é realçada através de consultas, de uma abordagem do planeamento do topo para a base, bem como de uma tomada de decisões transparente e sólida. Reforça os direitos e o empoderamento das mulheres e das crianças e a sua participação na preparação das políticas e na tomada de decisões, bem como a resposta às necessidades dos grupos sociais vulneráveis da sociedade. Por outro lado, incentiva os ministérios e as agências governamentais que lidam com questões fundiárias a serem responsáveis pelas suas decisões, assegurando que quaisquer acções tomadas em relação à terra não causem quaisquer infracções aos direitos das pessoas às suas terras e propriedades, especialmente aos seus direitos de utilizar essas terras para meios de subsistência e abastecimento alimentar.

Espera-se que os governos dêem o exemplo, seguindo os procedimentos legais antes de tomarem quaisquer acções ou decisões que afectem os direitos das pessoas à sua terra, eliminem a corrupção, assegurem que as vítimas de quaisquer acções tomadas sobre a terra sejam devidamente compensadas e proporcionem fóruns acessíveis e económicos para que os queixosos apresentem queixas contra quaisquer maus tratos por parte de funcionários do governo. Os mesmos princípios aplicam-se a todos os investidores que devem "ter em conta os direitos diretamente ligados ao acesso e à utilização da terra, da pesca e das florestas, mas também todos os direitos civis, políticos, económicos, sociais e culturais. Ao fazê-lo, os Estados devem respeitar e proteger os direitos civis e políticos dos defensores dos direitos humanos, incluindo os direitos humanos dos camponeses, dos povos indígenas, dos pescadores, dos pastores e dos trabalhadores rurais, e devem cumprir as suas obrigações em matéria de direitos humanos quando lidam com indivíduos e associações que actuam em defesa da terra, das pescas e das florestas", o que significa, por conseguinte, uma melhor coordenação entre os diferentes grupos de interesse e a adoção de uma abordagem integrada para lidar com quaisquer questões (FAO 2012).

Em suma, de acordo com Franco (2008), uma abordagem baseada nos direitos humanos em relação à posse da terra segue estes princípios:

❖ As pessoas são vistas como detentoras de direitos, em vez de meras beneficiárias;

❖ Os Estados são vistos como detentores de deveres com a obrigação de respeitar, proteger e cumprir os direitos humanos das pessoas, em vez de prestadores de serviços e;

❖ Os governos devem ser responsabilizados quando não cumprem esta obrigação e os direitos são violados.

Quadro 1: Directrizes Voluntárias sobre a Governação Responsável da Posse de Terra - Princípios Orientadores. (FAO, 2012)

Voluntary Guideline for the Responsible Governance of Tenure – Guiding Principles	
A. General	1. Recognize and respect all legitimate tenure right holders and their rights. They should take reasonable measures to identify, record and respect legitimate tenure right holders and their rights, whether
Principles	formally recorded or not; to refrain from infringement of tenure rights of others; and to meet the duties associated with tenure rights.
	2. Safeguard legitimate tenure rights against threats and infringements. They should protect tenure right holders against the arbitrary loss of their tenure rights, including forced evictions that are inconsistent with their existing obligations under national and international law.
	3. Promote and facilitate the enjoyment of legitimate tenure rights. They should take active measures to promote and facilitate the full realization of tenure rights or the making of transactions with the rights, such as ensuring that services are accessible to all
	4. Provide access to justice to deal with infringements of legitimate tenure rights. They should provide effective and accessible means to everyone, through judicial authorities or other approaches, to resolve disputes over tenure rights; and to provide affordable and prompt enforcement of outcomes. States should provide prompt, just compensation where tenure rights are taken for public purposes.
	5. Prevent tenure disputes, violent conflicts and corruption. They should take active measures to prevent tenure disputes from arising and from escalating into violent conflicts. They should endeavour to prevent corruption in all forms, at all levels, and in all settings.
B. Principles of Implementation	1.Human dignity: recognizing the inherent dignity and the equal and inalienable human rights of all individuals.
	2. Non-discrimination: no one should be subject to discrimination under law and policies as well as in practice.
	3. Equity and justice: recognizing that equality between individuals may require acknowledging differences between individuals, and taking positive action, including empowerment, in order to promote equitable tenure rights and access to land, fisheries and forests, for all, women and men, youth and vulnerable and traditionally marginalized people, within the national context.
	4. Gender equality: Ensure the equal right of women and men to the enjoyment of all human rights, while acknowledging differences between women and men and taking specific measures aimed at accelerating de facto equality when necessary. States should ensure that women and girls have equal tenure rights and access to land, fisheries and forests independent of their civil and marital status.
	5. Holistic and sustainable approach: recognizing that natural resources and their uses are interconnected, and adopting an integrated and sustainable approach to their administration
	6. Consultation and participation: engaging with and seeking the support of those who, having legitimate tenure rights, could be affected by decisions, prior to decisions being taken, and responding to their contributions; taking into consideration existing power imbalances between different parties and ensuring active, free, effective, meaningful and informed participation of individuals and groups in associated decision-making processes
	7. Rule of law: adopting a rules-based approach through laws that

	are widely publicized in applicable languages, applicable to all, equally enforced and independently adjudicated, and that are consistent with their existing obligations under national and international law, and with due regard to voluntary commitments under applicable regional and international instruments. **8. Transparency:** clearly defining and widely publicizing policies, laws and procedures in applicable languages, and widely publicizing decisions in applicable languages and in formats accessible to all. **9. Accountability:** holding individuals, public agencies and non-state actors responsible for their actions and decisions according to the principles of the rule of law. **10. Continuous improvement:** States should improve mechanisms for monitoring and analysis of tenure governance in order to develop evidence-based programmes and secure on-going improvements

2.5 UN-Habitat - Continuum dos direitos fundiários

O continuum de direitos à terra está intimamente relacionado com a abordagem do quadro VGGT no contexto em que ignora a noção subjacente às teorias de modernização e evolução que promovem a ideia de uma transição linear, gradual, progressiva e irreversível de títulos informais para a propriedade privada (Le Roux e Graaff 2001). A individualização dos títulos ou a propriedade privada da terra nem sempre conduzem ao desenvolvimento, como projectam as teorias da modernização e da evolução, uma vez que a evidência empírica e a história mostram que o advento da modernização é responsável por numerosas guerras, conflitos civis e rivalidades étnicas que causaram a desestabilização das sociedades (UN-Habitat 2015).

Além disso, a propriedade privada raramente é uma forma de posse adequada para as pessoas pobres e é muitas vezes fortemente rejeitada em muitas sociedades e, adicionalmente, os sistemas de registo e de levantamento topográfico necessários para apoiar adequadamente os sistemas de propriedade privada em grande escala são complexos, dispendiosos e ultrapassam a capacidade de muitos países para atingir uma escala que, em geral, pode exceder os meios dos pobres. Os quadros de posse e administração da terra baseados nas duas teorias acima referidas promovem frequentemente o eurocentrismo e, por conseguinte, são inflexíveis para acomodar a dualidade ou a existência de um pluralismo de posses que apoia uma vasta gama de pontos de vista, valores, conceitos, objectivos e instituições (Whittal 2014).

O objetivo do UN-Habitat para o Modelo do Continuum dos Direitos da Terra é apoiar ferramentas fundiárias a favor dos pobres, sustentáveis, expansíveis e sensíveis ao género - uma abordagem que defende a inclusão e o pragmatismo na administração da posse da terra. Destina-se a orientar os processos em que as formas alternativas de posse à propriedade são reconhecidas pelo estado e pela sociedade civil e, mais importante ainda, de uma perspetiva de planeamento estratégico, o continuum pode ser adotado para comparar os pontos fortes, as fraquezas, as oportunidades e os constrangimentos/desafios/ameaças associados a um determinado tipo de posse; e para analisar como e porquê uma forma de posse se transforma noutra e para melhorar o nível de justiça e equidade durante esta transformação. O continuum emprega os conceitos de pluralismo que tem em conta as dimensões sociais, religiosas, culturais e políticas da posse da terra, em vez de ver a terra apenas como um bem. É uma ajuda para descrever uma situação de posse existente e prever como uma gama de tipos de posse se pode transformar ao longo do tempo, tendo em conta diferentes cenários e estratégias de intervenção.

De acordo com o UN-Habitat (2015), o objetivo global do continuum é orientar a política, a lei e a estratégia para melhorar a segurança da posse, a justiça social e o desempenho económico nos programas de desenvolvimento, especialmente os que abordam a desigualdade e a redução da pobreza; orientar as autoridades governamentais e as agências de desenvolvimento no desenvolvimento de políticas, leis e estratégias de intervenção que abordem a segurança da posse da terra.

Além disso, presta assistência no desenvolvimento de um quadro integrado em que as diferentes políticas, leis, tipos de posse, dados, instituições, planeamento do uso da terra e fluxos de processos de gestão das operações de administração da terra e fluxos de informação que os acompanham são harmonizados e, nesse sentido, reforçam o cumprimento das convenções internacionais existentes que têm sido a plataforma para muitos quadros de posse e administração da terra existentes na maioria dos países, tais como os Objectivos de Desenvolvimento do Milénio, a Convenção-Quadro das Nações Unidas sobre Alterações Climáticas, a Agenda 21 e outros.

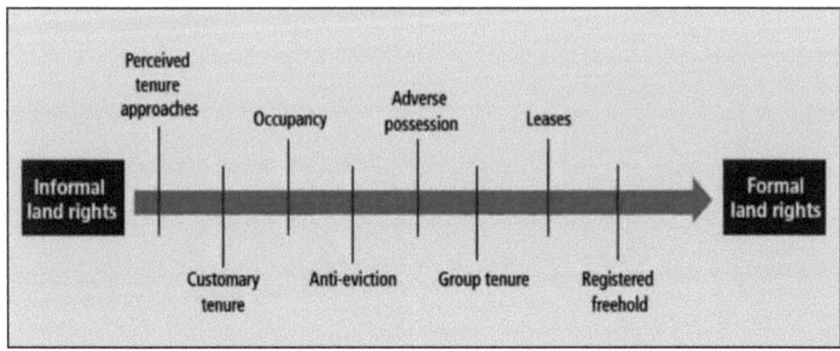

Figura 1: Continuidade dos direitos à terra (UN-Habitat 2012, 8)

CAPÍTULO 3

METODOLOGIA

3.1 Método de investigação

Esta investigação utilizou uma abordagem exploratória (o quê?) no sentido em que explora a natureza das terras consuetudinárias em termos da sua administração e gestão legal e tradicional, bem como o seu significado como sistema e como recurso para o país e para o povo. É também descritiva (como?), uma vez que os principais objectivos da investigação são explicar como as terras consuetudinárias evoluíram ao longo do tempo em resposta a mudanças externas e internas, a eficácia e eficiência do sistema em vigor que administra a sua gestão e, mais importante, como o sistema afecta o processo de planeamento urbano. A informação necessária para realizar esta investigação foi obtida através da utilização de uma abordagem pragmática em que foram recolhidos dados primários e secundários.

3.2 Dados primários

Os dados primários para esta investigação foram obtidos através de entrevistas/questionários semiestruturados formais e de um questionário em linha.

3.2.1 Entrevistas/questionários formais

Várias agências governamentais e instituições privadas que são profissionais-chave e pontos focais do sistema de administração fundiária consuetudinária em Samoa foram visadas nas entrevistas para extrair as informações necessárias para a investigação. Nos casos em que estes participantes seleccionados não puderam participar numa entrevista presencial ativa, serão utilizados questionários para obter comentários. O quadro 2 mostra que as perguntas-chave foram cuidadosamente concebidas para obter as informações essenciais necessárias para cumprir os objectivos-chave da investigação.

Quadro 2: Perguntas-alvo do inquérito para os dados necessários

Question	Required Data
1.	The role of your agency/ministry in the cultural and socio-development of the country and your relationship/interest on customary land administration?
2.	What is the socio-economic and cultural significance of customary lands to you?
3.	How effective is the traditional principles and administration of customary lands in the socio-economic development and environment sustainability in Samoa?
4.	How effective is the formal administration (legislations & policies) of customary lands in the socio-economic development and environment sustainability in Samoa?
5.	Does the customary land administration system promotes the following concepts? (gender equality, food security, tenure security for the poor, anti-corruption, sustainability, etc.)
6.	Does the customary land administration system advocate an inclusive and participatory approach in terms of decision making?
7.	How important is urban planning in the socio-economic development and environment sustainability in Samoa?
8.	Does the customary land administration system support the objectives of the Planning Act? (PUM Act, 2004) e.g. - fair, orderly, economic and sustainable use, development and management of land including the protection of natural and man-made resources; equitable and orderly access to transportation, recreational, employment and other opportunities; secure a pleasant, efficient and safe working, living and recreational environment for all Samoans and visitors to Samoa; etc.
9.	Does the customary land administration system provide any challenges in the service and infrastructure provision or any responsibilities/duties of your agency?
10.	Describe any infringements that formal/legal customary land administration system presents on the specific service or duties of your agency.

O quadro 3 enumera as principais agências consultadas e o tipo de informação que foi solicitado a cada uma delas:

Quadro 3: Principais agências consultadas, respectivas funções e tipo de dados solicitados

Key Agencies Consulted	Key Role	Data Requested
1. Planning and Urban Management Agency (PUMA – MNRE)	The focal point for all land-use planning; responsible for the enforcement of the PUM Act, assessment of any development application, etc.	❖ Interview & Questionnaires ❖ PUM Act 2004 and subsequent policies ❖ Vaitele Urban Governance Pilot Project Document ❖ Development Application Data (enforcement actions on customary lands)
2. Land Management Division (LMD – MNRE)	Responsible for the management of all lands in Samoa including leases on customary lands and updating the land registry database.	❖ Land tenure data and maps for Samoa ❖ Leases on Customary Lands ❖ Interview and Questionnaires
3. Environment and Conservation (DEC – MNRE	Maintenance of National Reserves and Parks in Samoa	❖ Interviews and Questionnaires
4. Water Resources (WRD – MNRE)	Management and conservation of all water sources in Samoa	❖ Interviews and Questionnaires
5. Building & Land	Maintain and assess the quality and structure of all	❖ Interviews and Questionnaires

Transport Division (MWTI)	buildings in the country	❖ Report of enforcement actions and infringements against the law on customary lands
6. Land and Transport Authority (LTA)	Construction and maintenance of roads and drainages.	❖ Interviews and Questionnaire s ❖ Reports of projects faced with difficulties in terms of access to customary lands
7. National University of Samoa (NUS)	Centre for teaching, learning and researches on Samoan culture and language	❖ Interview and Questionnaire
8 Electric Power Corporation (EPC)	Provision and maintenance of electricity to all families and businesses in the country	❖ Interview and Questionnaire
9. Climate Change Division (MNRE)	Provide and enforce policies and legislations to protect people and resources from impacts of climate change	❖ Interview and Questionnaire
10. Samoa Land Corporation (SLC)	A government owned estate responsible for the development and management of 24, 000 acres of land previously held under customary land tenure administrated by the WSTEC	❖ Interview and Questionnaire

3.2.2 Questionário em linha

Esta abordagem à utilização das redes sociais baseia-se na ideia de conveniência e acesso, mas também visa os académicos que podem não estar em Samoa para obter a sua opinião sobre a questão. As mesmas perguntas das entrevistas e dos questionários a distribuir às agências e instituições seleccionadas acima referidas serão utilizadas para elaborar um questionário digital no Google Forms e uma hiperligação será publicada no Facebook, sendo apenas aceite o seu preenchimento por determinadas pessoas.

3.3 Dados secundários

Foi efectuada uma extensa revisão da literatura com base na literatura existente para estabelecer o contexto da investigação e justificar a legitimidade do argumento principal da investigação. O capítulo seguinte, que constitui o estudo de fundo, fornecerá um conhecimento aprofundado da situação socioeconómica, política, cultural e ambiental de Samoa, com base nos dados do Censo e noutros relatórios governamentais, na legislação e nas políticas, na investigação académica de universidades regionais e internacionais de renome, bem como em informações documentadas de organizações internacionais de renome, como as Nações Unidas, o Banco Asiático de Desenvolvimento e organizações regionais como o Secretariado da Comunidade do Pacífico (SPC, Fiji), o Fórum das Ilhas do Pacífico, o Secretariado do Programa Regional para o Ambiente (SPREP), etc.

A investigação irá também rever intensamente a literatura da Organização das Nações Unidas para a Alimentação e a Agricultura e da ONU-Habitat sobre os dois principais quadros internacionais utilizados para avaliar a eficácia e a eficiência da administração das terras consuetudinárias - as Directrizes Voluntárias sobre a Governação Responsável da Posse e o Continuum dos Direitos da Terra.

3.4 Análise de dados

❖ Utilização de imagens, gráficos e tabelas para demonstrar e analisar a importância das terras consuetudinárias em Samoa;

❖ Utilizar mapas de uso da terra e imagens de satélite existentes, mapas demográficos, mapas de posse da terra;

❖ Serão utilizadas as legislações e políticas governamentais, tais como a Estratégia para o Desenvolvimento de Samoa, a Lei do Planeamento e da

Gestão Urbana, etc;

❖ Relatórios e quadros internacionais e regionais. (Continuum de Direitos da

Terra da ONU-Habitat e VGGT da Organização das Nações Unidas para a

Alimentação e a Agricultura);

❖ Entrelaçados com os dados recolhidos no inquérito de campo, proporcionarão

uma análise exaustiva da questão para atingir os objectivos e chegar a uma

conclusão

3.5 Limitações

❖ **Prazo e gestão:** O projeto foi uma corrida contra um prazo de sete meses e

foi difícil de gerir o tempo, especialmente durante a recolha de dados, devido

ao facto de viver longe do campo

área;

❖ **Orçamento:** O financiamento limitado não permitiu a oportunidade de visitar

o país para recolher dados no terreno e entrevistar pessoas pessoalmente;

❖ **Inquérito no terreno:** Foi bastante difícil obter perspectivas e feedback

significativos quando não se estava presente pessoalmente na área de estudo

designada para recolher dados e realizar entrevistas cara a cara;

❖ **Comunicação:** O inquérito em linha foi o principal método de recolha de

dados utilizado, o que constituiu um problema devido à velocidade e ao custo

da Internet na área de estudo. Foram encontradas algumas dificuldades

técnicas em que os dados se perderam e foi necessário repetir o processo;

❖ **Diferença horária:** A marcação e realização de entrevistas por telefone e em

linha foi um desafio devido à diferença de oito horas entre fusos horários;

❖ **Disponibilidade de dados:** Algumas das principais informações e mapas

necessários não foram encontrados e/ou estavam desactualizados e exigiam

autorização da administração para serem divulgados.

CAPÍTULO 4

QUADRO DE ORDENAMENTO DO TERRITÓRIO - SAMOA

A necessidade desesperada de planeamento urbano em Samoa é uma questão que existe há muito tempo, desde o início da década de 1930, mas não houve um esforço sustentado do governo para a resolver (Taulealo 2000). Apesar das condições degradantes da zona urbana, que ameaçaram a fragilidade do ambiente e a saúde e segurança públicas, o governo da altura não deu atenção a estas questões, embora a introdução de um quadro de planeamento formal ou de qualquer legislação e procedimentos de planeamento fosse a solução óbvia. Esta negligência em relação à questão era um reflexo da falta de vontade e interesse do público na ideia de planeamento devido ao choque entre os valores culturais e as instituições sociais existentes e os princípios fundamentais do planeamento. Embora o planeamento seja geralmente um processo que é suposto ser liderado pelo governo, sem a presença de um apoio comunitário mais amplo não haverá vontade política para executar as mudanças necessárias.

A participação e a ratificação por Samoa dos Objectivos de Desenvolvimento do Milénio (2000), da Declaração do Rio (1992), da Convenção-Quadro das Nações Unidas sobre as Alterações Climáticas (1997) e a adesão à Convenção dos Estados de Desenvolvimento das Pequenas Ilhas em Barbados (1994) foram alguns dos principais passos que estabeleceram a plataforma para um quadro de ordenamento do território e de desenvolvimento em Samoa. Além disso, o planeamento estratégico nacional, consubstanciado na Estratégia para o Desenvolvimento de Samoa (EDS), é o documento fundamental e abrangente que prescreve os objectivos de planeamento, uma visão futura e um conjunto de acções para atingir esses objectivos de desenvolvimento a nível nacional e setorial, quo é avaliado e renovado num intervalo de 5 anos. Por exemplo, na Estratégia para o Desenvolvimento de Samoa (2012-2016), alguns dos objectivos relacionados com o planeamento urbano incluem a gestão sustentável dos recursos naturais, o desenvolvimento de um quadro ambiental, a promoção de boas práticas de gestão do uso do solo, o desenvolvimento de uma política de agenda urbana e o reforço da participação da comunidade na preparação de políticas (Governo de Samoa 2012).

No entanto, apesar de várias abordagens, continuava a não existir um quadro coordenado e integrado para a planificação, uma vez que a maioria das funções relacionadas com a planificação eram implementadas por várias agências e ministérios, muitas vezes de forma isolada e, por vezes, contraditória. Este sistema fragmentado, caracterizado por uma coordenação deficiente dos serviços, sobreposição de funções e má utilização dos recursos, enfraqueceu ainda mais a confiança e o apoio do público (Taulealo 2000). No entanto, a concretização destas preocupações, através da assistência de organizações internacionais e de um extenso processo de consulta, identificou uma série de questões urbanas relacionadas com o planeamento e o desenvolvimento que eram cruciais para a criação de um sistema integrado de planeamento e gestão urbanos.

No final do processo de revisão, foi criada uma divisão de planeamento denominada Agência de Planeamento e Gestão Urbana (PUMA) no âmbito do Ministério dos Recursos Naturais e do Ambiente (MNRE) em 2002. Foram sugeridas várias opções para o novo quadro proposto, mas a decisão de criar uma divisão de planeamento no âmbito de uma instituição governamental existente era ideal, na medida em que simplificaria os desafios do planeamento e da gestão urbanos, tiraria partido dos recursos e capacidades existentes e proporcionaria um período de tempo para o reforço das capacidades antes de quaisquer planos para se tornar um órgão independente do governo (Jones 2002).

Desde então, a Agência de Planeamento e Gestão Urbana foi o primeiro esforço real para abordar questões de planeamento e desenvolvimento nacional e urbano através de instrumentos estratégicos e estatutários e funcionou ao abrigo da Lei de Planeamento e Gestão Urbana (Lei PUM 2004) e regulamentos subsequentes. A Lei criou a Agência e o Conselho de Administração como uma autoridade estatutária responsável pela preparação de instrumentos estratégicos de planeamento urbano, tais como disposições de planeamento, planos e normas de desenvolvimento, pela administração da autorização de desenvolvimento e pela conformidade da atividade de desenvolvimento, pelo controlo do impacto ambiental e pela conformidade; pela facilitação de queixas e pedidos através do Tribunal de Planeamento; e pela aplicação das disposições da Lei, juntamente com as políticas e orientações que foram desenvolvidas e produzidas ao abrigo da Lei. A Agência encara a sua missão como "regulamentação do desenvolvimento e planeamento estratégico para uma Samoa próspera". Isto exige que a Agência ponha em prática a noção de desenvolvimento sustentável no controlo do ambiente construído. O modelo regulamentar da Agência baseia-se na legislação e nas práticas internacionais em matéria de planeamento e de gestão dos recursos.

Os principais objectivos da lei são os seguintes:

a) Proporcionar a utilização, o desenvolvimento e a gestão equitativos, ordenados, económicos e sustentáveis das terras, incluindo a proteção dos recursos naturais e artificiais e a manutenção dos processos ecológicos e da diversidade genética;

b) Permitir que o ordenamento do território e o planeamento e a política de desenvolvimento sejam integrados nas políticas ambientais, sociais, económicas, de conservação e de gestão dos recursos a nível nacional, regional, distrital, das aldeias e dos sítios específicos;

c) Criar uma estrutura e uma forma urbanas adequadas para o desenvolvimento de Apia e de outros centros, de modo a proporcionar um acesso equitativo e ordenado a transportes, actividades recreativas, emprego e outras oportunidades;

d) Assegurar um ambiente de trabalho, de vida e de lazer agradável, eficaz e seguro para todos os samoanos e visitantes de Samoa;

e) Proteger os serviços de utilidade pública e outros bens e permitir o fornecimento e a coordenação ordenados dos serviços de utilidade pública e outras instalações em benefício da comunidade; e

f) Equilibrar os interesses actuais e futuros de todos os samoanos. (GOS, 2004)

No desempenho das suas funções, a Agência também administra as seguintes políticas desenvolvidas ao abrigo da Lei.

❖ Regulamento AIA 2007

❖ Regulamento relativo à autorização de desenvolvimento e às taxas de 2008

❖ Política de ruído,

❖ Planos de gestão das infra-estruturas costeiras (planos CIM),

❖ Directrizes de acesso para pessoas com deficiência (2008),

❖ Directrizes para a Habitação (2006),

❖ Política de estacionamento (2006),

❖ Política de Publicidade Exterior (2011),

❖ Directrizes para as telecomunicações (2006)

❖ Política de Saneamento (2010).

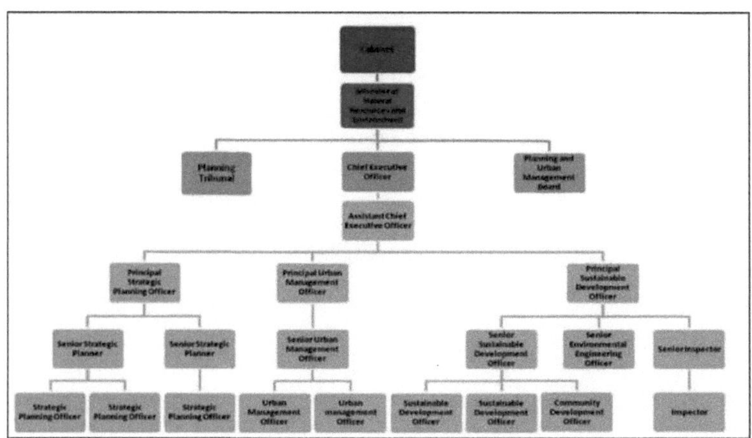

Figura *2:* Estrutura da Agência de Planeamento e Gestão Urbana (GOS 2012).

CAPÍTULO 5

5.1 Pequenos Estados insulares em desenvolvimento (PEID)

Os Pequenos Estados Insulares em Desenvolvimento (PEID) são descritos como um "grupo distinto de países em desenvolvimento que enfrentam vulnerabilidades sociais, económicas e ambientais específicas e são reconhecidos como um caso especial tanto para o seu ambiente como para o seu desenvolvimento na Conferência das Nações Unidas sobre o Ambiente e o Desenvolvimento (CNUAD), também conhecida como a Cimeira da Terra, realizada no Rio de Janeiro, Brasil (3-14 de junho de 1992), que também foi feita especificamente no contexto da Agenda 21" (UN-OHRLLS 2011). Este grupo de ilhas é composto por cinquenta e dois países e territórios, dos quais trinta e oito são membros da ONU e catorze não são membros da ONU ou são membros associados das Comissões Regionais. As ilhas estão distribuídas por três regiões geográficas, a saber, as Caraíbas, o Pacífico e o Atlântico, o Oceano Índico, o Mediterrâneo e o Mar da China Meridional (AIMS).

Os PEID partilham características físicas comuns em termos de dimensão, localização e recursos, pelo que os desafios que enfrentam são semelhantes. A sua estreita base de recursos priva-os dos benefícios das economias de escala; pequenos mercados internos e uma forte dependência de alguns mercados externos e remotos. Para piorar a situação, a sua localização isolada dos mercados de exportação e dos recursos de importação constitui uma enorme desvantagem para a sua competitividade económica e produtividade e provoca custos elevados de frete e de transporte. As suas populações cada vez mais numerosas são vulneráveis às catástrofes naturais, cuja frequência e intensidade estão a aumentar drasticamente devido às alterações da temperatura da superfície do mar provocadas pelas alterações climáticas, o que ameaça a sua segurança alimentar e o seu crescimento económico, uma vez que as oportunidades para o sector privado são limitadas e a dependência do sector público é grande.

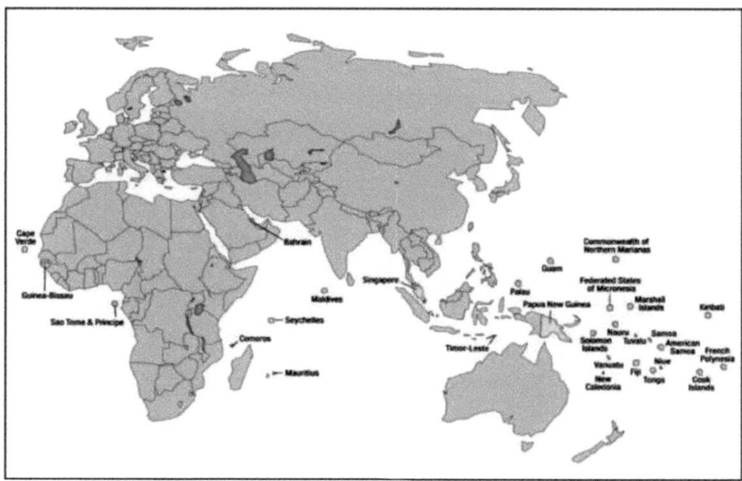

Figura 3: SIDS no Pacífico, Oceano Índico, Mediterrâneo e Mar da China Meridional e Atlântico Oriental; (UN-OHRLSS 2011).

Figura 4: SIDS nas Caraíbas e a oeste do Oceano Atlântico. (UN-OHRLLS 2011).

5.2 Estudo de caso - Samoa

5.2.1 Contexto geral

Samoa, anteriormente conhecida como Samoa Ocidental, está situada entre as latitudes 130 e 150 Sul do equador e entre as longitudes 1680 e 1730 Oeste. O grupo de ilhas de Samoa é talvez a maior população de polinésios de sangue puro entre os seus vizinhos mais próximos, como a Samoa Americana, Tonga, Cook Island, Tuvalu e Niue. As quatro principais ilhas habitadas incluem Savaii, que é a maior, Upolu, Manono e Apolima e seis ilhas não habitadas, nomeadamente Namu'a, Nu'utele, Nu'ulua, Nu'usafe'e, Nu'ulopa e Fanuatapu, perfazendo um total de 10 ilhas. A área total do país é de 2 830 quilómetros quadrados, sendo Savaii a maior ilha, com 600 milhas quadradas (1 700 quilómetros quadrados), e Upolu a segunda maior ilha, onde se situa a capital Apia, com uma área total de 430 milhas quadradas ou 1 110 quilómetros quadrados.

As ilhas são de origem vulcânica, claramente visível na forma de vários vulcões adormecidos e campos de lava. Em Upolu, a cordilheira central estende-se ao longo de toda a ilha, com alguns picos que se elevam a mais de 1 000 metros acima do nível do mar, sendo o ponto mais alto o Monte Fito, com 1 100 metros de altura, enquanto Savai'i contém um núcleo central de picos vulcânicos que atingem o ponto mais alto de todas as ilhas, o Monte Silisili, com 1 858 metros. A maior parte do território está coberta por uma vegetação luxuriante e floresta tropical (GOS 2011).

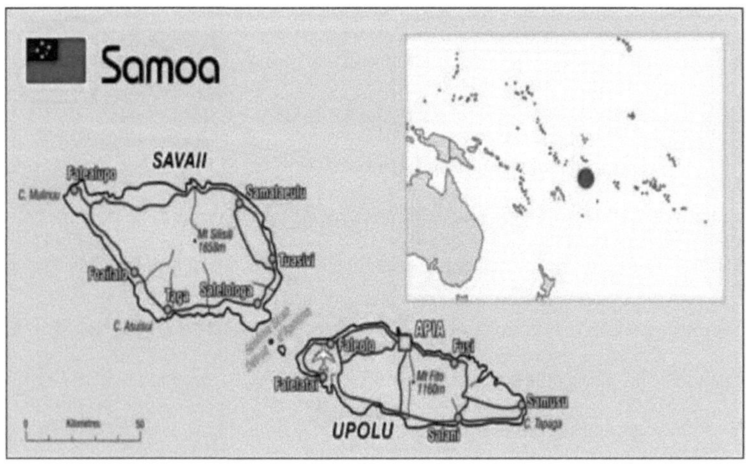

Figura 5: Mapa de Samoa; (GOS 2011).

5.1.1 Clima

O clima de Samoa caracteriza-se por uma elevada precipitação e humidade, temperaturas quase uniformes ao longo do ano, ventos dominados pelos ventos alísios de sudeste e a ocorrência de ciclones tropicais durante o verão do hemisfério sul. As temperaturas são geralmente uniformes ao longo do ano, com uma média mensal que varia entre 220 e 300, com uma ligeira variação sazonal e uma média de humidade de 80%. Existem duas estações principais distintas. A estação das chuvas estende-se de novembro a abril, também conhecida como a estação de risco, em que o país é normalmente atingido por ciclones tropicais, enquanto a estação seca vai de maio a outubro, período durante o qual o clima é agradável devido aos ventos alísios frescos. A precipitação média é de 2.880 mm, embora haja uma grande variação consoante a latitude e a localização. O Noroeste recebe menos do que o Sudeste (GOS 2011).

5.1.2 População

Sabe-se que as ilhas de Samoa foram inicialmente povoadas por um grupo de pessoas chamadas proto-polinésios por volta de 1000 a.C., de acordo com provas arqueológicas (Belwood 1980). Pensa-se que foi de Samoa e Tonga que partiram as migrações para as outras ilhas polinésias, como o Havai, a norte, o povo maori da Nova Zelândia, a sul, e as ilhas da Páscoa, a leste. A primeira grande vaga de europeus chegou a Samoa em 1830 e, devido à introdução de doenças como o sarampo e a gripe, a população nativa diminuiu drasticamente de 50 000 para 30 000 habitantes, até que as medidas de saúde adoptadas pela administração neozelandesa na década de 1920 permitiram que a população voltasse a crescer de forma constante (Thomas 1986).

A partir de 2011, a população total de Samoa quintuplicou, uma vez que foram recenseadas 187 820 pessoas, das quais 96 990 do sexo masculino e 90 830 do sexo feminino. Isto representa um aumento de 3,9% em comparação com o recenseamento da população em 2006 e uma taxa média anual de crescimento da população de 0,8%, que é relativamente baixa em comparação com outros países insulares do Pacífico. A população de Samoa, apesar da elevada taxa de crescimento natural, registou um baixo aumento líquido, o que é uma consequência direta do forte processo de emigração que Samoa registou nas últimas três décadas, especialmente para a Nova Zelândia, a Austrália e a Samoa Americana.

Em 1982, a Nova Zelândia iniciou um regime de quotas em Samoa que permitia a 1 100 samoanos emigrar e procurar oportunidades de emprego na Nova Zelândia todos os anos. A população de Samoa está distribuída de forma desigual, com a maioria da população a fixar-se na periferia de ambas as ilhas, ao longo das planícies costeiras. Apesar da ligeira diminuição da população da região da zona urbana de Apia, que passou de 22% em 2001 para 19% em 2011, a sua densidade populacional continua a ser a mais elevada das quatro principais regiões do país, com 612 pessoas/km2 , contra 249 em North West Upolu, 57 no resto de Upolu e 26 em Savaii (GOS 2011).

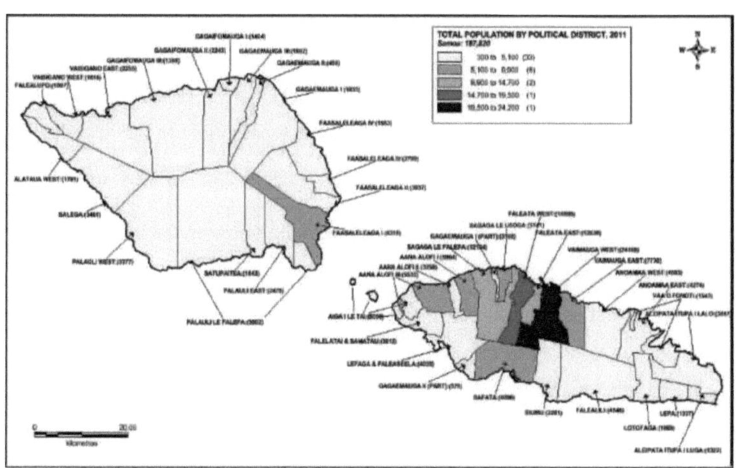

Figura 6: População total de Samoa por distrito político; (GOS 20И).

5.2.4 Economia

Samoa tem uma economia pequena e em desenvolvimento, com um PIB, em setembro de 2008, de cerca de 537 milhões de dólares. Como muitos outros países menos desenvolvidos, a economia samoana depende fortemente dos recursos naturais, tanto para o sustento da sua população como para a futura expansão económica. Samoa é ainda, em grande medida, uma sociedade agrícola de subsistência nas zonas rurais costeiras, sendo as pescas as duas principais indústrias primárias. O desempenho económico é limitado pela distância dos mercados, por um pequeno mercado local, por uma base de competências que não pode competir com os países asiáticos na produção de mão de obra intensiva e pela vulnerabilidade às catástrofes naturais, em especial aos ciclones. O sector agrícola representa 10-15% do PIB e caracteriza-se por uma base de subsistência substancial que continua a constituir uma fonte de subsistência para mais de 80% da população e um elevado nível de segurança alimentar interna. Mais recentemente, o sector das pescas substituiu a agricultura como principal fonte de exportação (SBS 2012).

Os sectores secundários incluem a indústria transformadora, a construção, a

51

eletricidade e a água. Os sectores terciários incluem a hotelaria, os transportes, as comunicações, as finanças e os serviços às empresas. O rendimento nacional de Samoa depende em grande medida do comércio internacional, da ajuda externa e das remessas de fundos. A segunda metade da década de 1990 caracterizou-se por uma relativa prosperidade baseada em bons resultados nos sectores do turismo e da pesca. O crescimento do Produto Interno Bruto (PIB) em 1998 foi de 3,4%, tendo aumentado para 5,6% em 1999 e para 4% em 2000, impulsionado principalmente pelo sector das pescas, da construção, do comércio, dos transportes e das comunicações. Ao mesmo tempo, a inflação desceu para 0,3% em 1999, o nível mais baixo dos últimos cinco anos. Prevê-se que a inflação permaneça baixa, uma vez que as reduções pautais resultantes de condições comerciais competitivas se repercutem nos preços no consumidor (SBS 2012).

A introdução relativamente bem sucedida de amplas reformas económicas e financeiras na segunda metade dos anos 90 fez da última década um ponto de viragem histórico no desenvolvimento de Samoa. Estas reformas incluíram a criação de parcerias eficazes entre o governo e o sector privado, a revisão da estrutura das receitas do governo com base na introdução do imposto sobre o valor acrescentado sobre bens e serviços, a redução e simplificação dos direitos de importação e dos impostos sobre o rendimento, o reforço institucional dos departamentos e empresas do governo, a privatização de determinadas actividades do sector público, a liberalização do sector financeiro e a prossecução global dos princípios de boa governação no sector público.

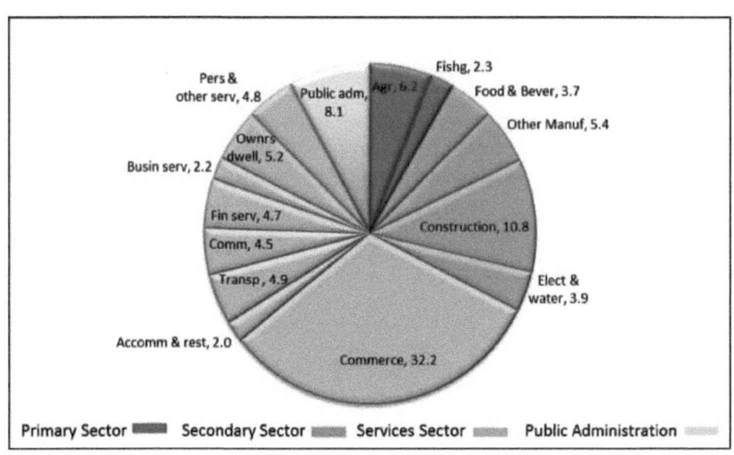

Figura 7: Composição do PIB - dezembro de 2015 (SBS 2016).

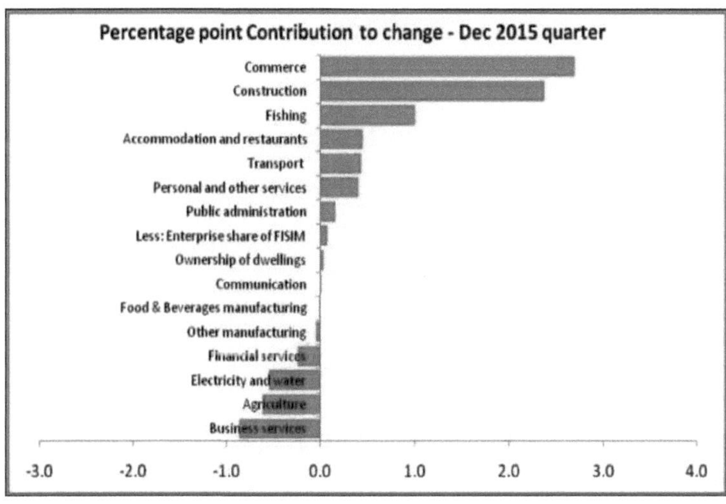

Figura 8: Contribuições em pontos percentuais para o crescimento do PIB por sector, 2015 (SBS, 2016).

5.2.5 Utilização do solo

[th]Até à chegada das potências coloniais, no século XIX, as terras em Samoa eram totalmente dotidas pelo sistema de posse consuetudinário. O estabelecimento dos consulados dos EUA, da Alemanha e do Reino Unido em 1864, bem como de um sistema judicial europeu, marcou o início das reivindicações de terras que, mais tarde,

foram convertidas em terras livres quando Samoa se tornou independente em 1962. Atualmente, existem três tipos principais de posse em Samoa: terras consuetudinárias, terras livres e terras do Estado, que incluem as terras detidas pela Western Samoa Trust Estate Corporation (WSTEC). As terras detidas pela WSTEC, atualmente conhecida como Samoa Land Corporation (SLC), eram terras consuetudinárias excedentárias ou não utilizadas, arrendadas ao governo para desenvolvimento com o objetivo de maximizar as oportunidades de emprego e, a longo prazo, contribuir para o desenvolvimento económico do país (GOS 2006).

Da área total de terra, 81% está sob propriedade consuetudinária, 10% em terras do governo, 5% sob WSTEC/SLC e 4% em terras livres (GOS 2006). De acordo com o Relatório do Censo de 2001, do total de 26.205 agregados familiares privados enumerados, quase 69% vivem em terras consuetudinárias, um em cada quatro (25%) vive provavelmente em terras livres, enquanto os restantes vivem noutros tipos de acordos de posse de terra. A posse da terra reflecte a forte economia de subsistência a que Samoa está habituada, que constitui uma parte importante do seu património cultural e da sua vida tradicional (GOS 2011). Outros estudos mostraram que, dos 289 700 hectares da superfície total de Samoa, 69 000 hectares são gravemente inadequados para fins agrícolas, o que representa quase 25% ou um quarto da superfície total (GOS 2006).

Quadro 4: Propriedade da terra em Samoa - 1991 (GOS 2006).

Type	Upolu (ha)	%	Savaii (ha)	%	Total (ha)	%
Customary land	76,166	17	153,490	54	229,656	81
Government	19,758	7	10,626	4	30,384	11
WSTEC/SLC	9,499	3	4,476	2	13,975	5
Freehold	7,800	3	1,037	*	8,837	3
Total	113,223	40	169,629	60	282,852	100

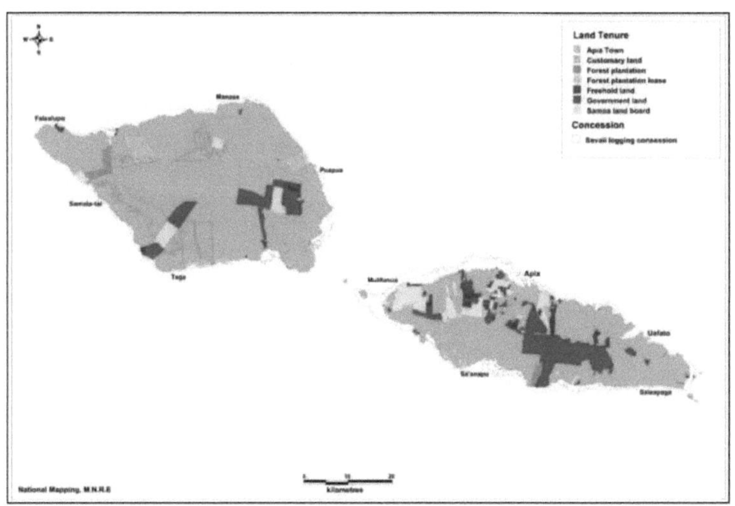

Figura 9: Samoa - Posse da terra (cartografia nacional - MNRE 1990).

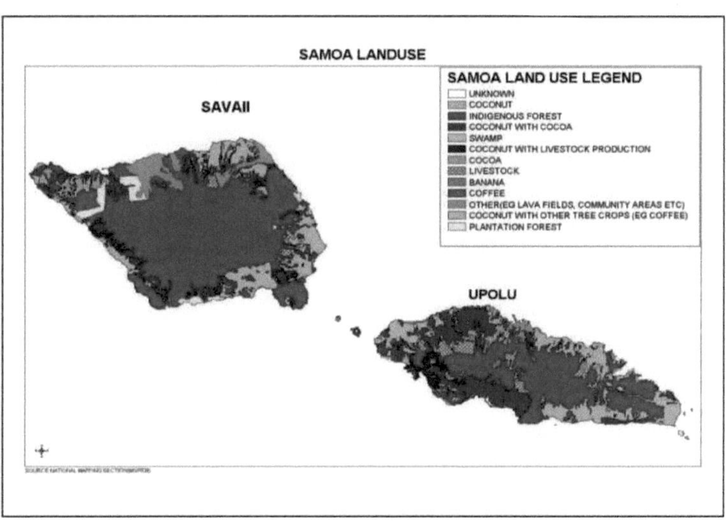

Figura 10: Utilização dos solos de Samoa (GOS 2006)

CAPÍTULO 6

<u>**RESULTADOS E CONCLUSÕES**</u>

Esta secção apresenta todos os resultados e conclusões recolhidos a partir dos instrumentos de investigação propostos na metodologia, que inclui dados primários dos questionários e das entrevistas realizadas. Apresenta também os dados secundários extraídos de relatórios técnicos de organizações regionais e internacionais de renome, políticas e legislação ministerial e outras publicações relevantes.

6.1 Agências governamentais - Resultados do questionário

6.1.1 Agências-chave - Estado de participação

Tal como referido nos métodos de investigação, foram elaborados e distribuídos dois conjuntos de questionários para efeitos de inquérito e recolha de dados. O primeiro questionário foi enviado a dez agências-chave que foram seleccionadas devido ao seu envolvimento significativo na administração das terras consuetudinárias em Samoa e ao facto de contribuírem em grande medida para o desenvolvimento socioeconómico do país. Das dez agências-chave que foram seleccionadas como as principais fontes de informação e foco dos questionários e entrevistas, apenas sete participaram e responderam. As outras três não puderam responder devido a viagens de serviço de funcionários superiores, responsáveis por qualquer interação entre as respectivas agências e qualquer confronto público. Das sete agências-chave que responderam, houve vinte e quatro participantes que puderam preencher os questionários.

A Figura 11 apresenta a repartição de cada uma das sete agências governamentais e o número de participantes de cada divisão respectiva.

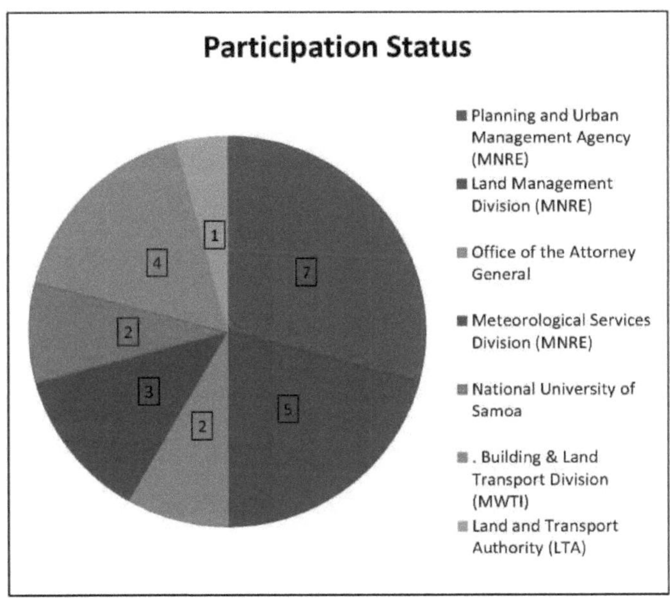

Figura H: Questionário às agências governamentais - Estado de participação

6.1.2 Agências-chave - Responsabilidades institucionais

O quadro 5 apresenta os pormenores das responsabilidades obrigatórias de cada uma das organizações-chave que participaram no inquérito, em termos da sua contribuição para o desenvolvimento socioeconómico de Samoa.

Quadro 5: Agências visadas que responderam e suas principais funções institucionais

Agency	Responsibilities
1. Planning and Urban Management Agency (MNRE)	- the focal point for all land-use planning in the country tasked with the management of sustainable planning and development services and outcomes; - ensuring development compliance with planning provisions through the enforcement of the PUM Act; - assessment of all physical development applications through the development consent process and EIAs.
2. Land Management Division (MNRE)	- to facilitate and implement sustainable land management practices and administration of land and land-based resources; - maintenance of the central public registry for the registration of government lands; freehold lands in fee simple; customary land leases & licenses and provide public information relating to maps and other land records; - provide property valuation services, process applications on the leases of government and customary lands and other temporary uses of public lands.
3. Office of the Attorney General	- Principal Legal Adviser to the Head of State, Cabinet and the Prime Minister; - Responsible for all civil proceedings involving Government and criminal proceedings; - Protector of the Judiciary; drafting legislation and common law protector of charitable trusts.
4. Meteorological Services Division (MNRE)	- to provide meteorological, geo-science, climate change and disaster risk management services in support of sustainable development of natural resources; - responsible for the National Tropical Cyclone Warning Center (NTCWC) that provides cyclone forecasts warnings and other non-cyclonic severe weather events; - provides Public Weather and Coastal Forecasts for the public, real time and continuous monitoring of earthquakes and study of ground motion and tsunami warnings and alerts for Samoa;

	- responsible for CLEWS, that provides tailored alerts, climate forecasts, El Nino Southern Oscillation updates, climate summaries, climate trends, climate data for sectoral planning and to manage climate risks; - keeps detailed historical data sets on wide range of climate information for public use.
5. National University of Samoa – (Academia)	- one of the tertiary institutions in the country centred around the provision and promotion of studies in the Samoan language, culture and history; - upgrading and maintaining quality and creative teaching and learning as well as professional training and research to meet the human resource needs in the country
6. Building Division & Land Transport Division (MWTI)	- ensure that all Buildings Constructions Projects complies with applicable regulations and standard; - ensure the Management & implementation of Govt Housing matters complies with applicable standards and policies; - enforce construction standards for roads and drainage including pedestrian safety and climate resilience; - integrate best practice climate resilience measures into the design and planning of all transport networks; - ensure integrated development efforts with all other utility services.
7. Land and Transport Authority (LTA)	- responsible for planning, operating, and maintaining land transport infrastructure and systems; - upgrade and maintenance of public transport systems and other mobility forms to promote fast and safe transportation for travellers of all ages; - construction of sea walls and maintenance of drainages and ensure healthier, greener and more sustainable transportation methods

6.1.3 Principais agências - Desafios da administração das terras consuetudinárias

Esta secção discute os desafios que cada uma das agências que responderam enfrenta em termos de desempenho das suas funções obrigatórias e responsabilidades institucionais do atual sistema que envolve a administração das terras consuetudinárias. Como indicado na Tabela 6, existe uma taxa bastante elevada de impedimentos oferecidos pelas terras consuetudinárias a estas instituições governamentais no cumprimento das suas funções e responsabilidades. Mais de 50% dos inquiridos concordam que enfrentam desafios constantes no cumprimento dos seus deveres laborais, devido ao sistema de administração de terras consuetudinárias e 25% responderam que ocasionalmente se deparam com essas dificuldades.

Quadro 6: Agências-chave - Nível de desafios

Level of Impediments Faced	Always	Sometimes	Hardly	Never
Planning and Urban Management Agency (MNRE)	5	1	1	0
Land Management Division (MNRE)	4	1	0	0
Office of the Attorney General	0	1	0	1
Meteorological Services Division (MNRE)	1	1	1	0
National University of Samoa	0	1	0	1
Building Division & Land Transport Division (MWTI)	2	1	1	0
Land and Transport Authority (LTA)	1	0	0	0

O resumo dos desafios destacados na Tabela 7 indica que a maioria das agências que frequentemente têm estes encontros com o sistema de terras consuetudinárias são as que oferecem serviços e estão encarregadas da construção, manutenção e distribuição de infra-estruturas. Estas disputas, que muitas vezes incluem abusos verbais e por vezes físicos de funcionários por parte de proprietários de terras consuetudinárias, têm a ver com retaliação contra acções de execução de certas construções erigidas em terras consuetudinárias e especialmente quando a terra tem de ser adquirida para a facilitação e distribuição de infra-estruturas como estradas, esgotos, água ou eletricidade. Este comportamento cético em relação a qualquer ação governamental que possa parecer sobrepor-se ao seu controlo sobre as terras consuetudinárias mostra a falta de compreensão do público em relação ao termo "interesse público" e prova que os princípios do planeamento urbano não são amplamente compreendidos ou aceites por muitos.

Mas talvez o lado mais devastador da situação seja o facto de as pessoas mostrarem por vezes as suas frustrações vandalizando estas infra-estruturas, o que, a longo prazo, prejudica as comunidades pobres e isoladas que necessitam urgentemente destes serviços e custa mais dinheiro na sua manutenção e renovação. Além disso, a forte adesão cultural a alguns dos conhecimentos e práticas tradicionais do passado encoraja hábitos insustentáveis que são difíceis de regular ou integrar com o conhecimento científico e a tecnologia moderna para promover a utilização sustentável dos recursos naturais. O forte patriarcado na hierarquia social das comunidades afecta a preparação de políticas eficazes e sólidas, uma vez que as mulheres e as crianças são, por vezes, marginalizadas das consultas e da tomada de decisões.

Quadro 7: Principais agências - Desafios da administração das terras consuetudinárias.

Key Agency	Challenges
1. Planning and Urban Management Agency (PUMA-MNRE)	- Abuse of government employees (surveyors & inspectors) carrying out enforcement action on law offenders and court cases between the agency and families with regards to their uses of customary lands that are deemed unsustainable for the environment or threatening to public health and safety. - The public's lack of understanding of the term 'public interest' prevents the distribution of government services and infrastructures on customary lands to parts of the country that needs such resources the most (e.g. seawalls, electricity, roads, water, hospital, etc) - Recklessness in the utilization of sensitive ecosystems such as watersheds, mangrove areas as well as encroaching on public resources (rivers) and refusing to share with neighbouring villages or to pay taxes as a result of sharing those resources with others - Unequal access and distribution of natural and man-made resources amongst villagers in the community based on concepts of the chiefly system - Pollution of natural resources due to lack of scientific knowledge and retaliation to enforcement action - Marginalization of women and children from decision making issues on land as men (chiefs) assume dominance in authority which in turn invalidates the inclusiveness of public consultations on the formulation of policies and legislations - Clashes on land issues sometimes lead to the facilitation of criminal activities (e.g. drugs, violence)
2. Land	- Abuse of government employees (surveyors & inspectors) carrying out enforcement action on law

Management Division (MNRE)	offenders - The nature of ownership of customary lands where it is vested on extended families is unattractive to most foreign investors trying to lease land - The introduction of the Torrens System has been strongly disputed and rejected by people due to the suspected impacts on ownership and alienation of customary lands is a setback in updating and the operations of the new Land and Titles Registration Act (2008) - A new system must be put in place to accommodate the public interests and integrate the principles of customary lands with the socio-economic objectives of the country - Consultations on customary land issues for the formulation of a new legislation or policy has to be done effectively and in a way that is inclusive of women and children as they are always marginalized in this process due to their position in society and culture
3. Office of the Attorney General	- Marginalization of women and children from decision making issues on land as men (chiefs) assume dominance in authority which in turn invalidates the inclusiveness of public consultations on the formulation of policies and legislations - The evolving way of life and culture requires the constant updating of policies and legislations over time
4. Meteorological Services Division (MNRE)	- Difficult to acquire feedback and perspective from women and children in cases of public consultations - Cultural protocols and sometimes superstitious beliefs affects decisions on designating evacuation areas, risk assessment and preparation for natural hazards - Strong adherence to traditional knowledge and cultural roots sometimes makes it difficult to introduce scientific methods of climate change adaptation, conservation and disaster management for unsustainable practices that threatens natural resources - Vandalism of government resources such as disaster management information boards and safety

	guidance signs, seawalls, etc.
5. National University of Samoa – (Academia)	- Different interpretation of cultural proverbs, myths and legends in different parts of the country due to the verbal passing of traditional knowledge over the years provides the challenge for the culture, history and language educators and researchers in the present
6. Building Division & Land Transport Division (MWTI)	- Delay in service provision due to land acquisition and compensation processes for affected lands; - Abuse of government employees (surveyors & inspectors) carrying out enforcement action on law offenders - Vandalism of government properties and infrastructures - Lack of understanding of the term 'public interest' prevents the distribution of government services and infrastructures to parts of the country that needs such resources the most (e.g. electricity, roads, water, hospital, etc)
7. Land and Transport Authority (LTA)	- Delay in service provision due to land acquisition and compensation processes for affected lands; - Life threats on government employees (surveyors & inspectors) carrying out enforcement action on law offenders - Vandalism of government properties and infrastructures - Lack of understanding of the term 'public interest' prevents the distribution of government services and infrastructures to parts of the country that needs such resources the most (e.g. electricity, roads, water, hospital, etc)

6.1.4 Principais agências - Avaliação da eficácia das terras consuetudinárias

O Quadro 8 resume os resultados do inquérito das principais agências governamentais que responderam e as suas percepções sobre a eficácia do sistema fundiário consuetudinário na realização de alguns dos objectivos fundamentais de desenvolvimento socioeconómico do país. Estes objectivos fundamentais são critérios cruciais nos dois quadros mencionados - Directrizes Voluntárias sobre a Governação

Responsável da Posse e o Continuum dos Direitos da Terra - que serão utilizados para avaliar a praticabilidade e eficácia da administração fundiária consuetudinária em Samoa num capítulo posterior.

Além disso, estes objectivos escolhidos são necessários, uma vez que Samoa é signatária dos Objectivos de Desenvolvimento Sustentável (ODS 2015), do Protocolo de Quioto (1997), da Convenção-Quadro das Nações Unidas sobre as Alterações Climáticas (1994), da Agenda 21 (1992), da Agenda ONU-Habitat (1996) e membro dos Estados de Desenvolvimento das Pequenas Ilhas, todos eles em torno da ideia de desenvolvimento sustentável através da implementação das seguintes áreas essenciais, que também são destacadas na Estratégia para o Desenvolvimento de Samoa e, mais importante ainda, são princípios fundamentais e básicos do ordenamento do território. Resumem-se a seguir algumas observações e análises gerais retiradas dos resultados do Quadro 8:

❖ Mais de 80% da superfície terrestre total de Samoa é constituída por terras consuetudinárias e, por conseguinte, a maioria dos recursos naturais importantes e dos ecossistemas sensíveis, como as florestas tropicais, as bacias hidrográficas e outros, estão sob a administração das terras consuetudinárias, o que exige a cooperação entre o governo e os proprietários de terras. No entanto, menos de 30% dos inquiridos concordam com a eficácia da administração das terras consuetudinárias na proteção e na gestão e utilização sustentáveis desses recursos;

❖ A administração tradicional das terras consuetudinárias pelo conselho da aldeia foi aprovada por mais de 50% dos participantes como muito eficaz no seu papel de manutenção da paz e da ordem nas aldeias rurais;

❖ A atual natureza de propriedade tradicional das terras consuetudinárias e a proteção jurídica que lhe é conferida pela Constituição e pelas legislações correspondentes dificultam a alienação de terras aos proprietários nativos; assim, mais de 50% dos participantes confiam na segurança da posse proporcionada pelo sistema atual;

❖ O desenvolvimento agrícola é talvez o uso dominante das terras tradicionais, tanto para fins comerciais como de subsistência. Todos os inquiridos concordam com esta importante função das terras tradicionais;

❖ Apenas 16% dos inquiridos concordam com a eficácia da cooperação e apoio recebidos dos proprietários de terras tradicionais no processo de prestação de serviços e distribuição de infra-estruturas. As agências governamentais, como a Autoridade da Terra e dos Transportes e o Ministério das Obras Públicas, Transportes e Infra-estruturas, em particular, consideram esta falta de coordenação um desafio, especialmente quando mais de 60% da população está dispersa pelas comunidades rurais ao longo das zonas costeiras de ambas as ilhas;

❖ A propriedade comunal das terras consuetudinárias e a proteção tradicional e legislativa rigorosa contra a alienação não são atractivas para a maioria dos investidores estrangeiros e, por conseguinte, 80% dos inquiridos concordam que este aspeto das terras consuetudinárias impede o investimento estrangeiro;

❖ O favoritismo e a corrupção na administração tradicional das terras consuetudinárias, em que as pessoas com poder tiram partido das pessoas sob a sua autoridade, têm incentivado a pobreza rural através da distribuição e acesso desiguais aos recursos;

❖ A igualdade de género na estrutura social das comunidades é um processo lento progresso.

Quadro 8: Agências-chave - Avaliação da eficácia das Terras Consuetudinárias

Customary Lands Contribution to:	Very Effective *Number of respondents*	Somewhat Effective *Number of respondents*	Neutral *Number of respondents*	Ineffective *Number of respondents*
Marine Conservation and Protection	5	14	5	0
Coastal Ecosystems Conservation and Protection	4	12	8	0
Forestry conservation and protection	8	8	6	0
Water sources Conservation and Protection	4	13	7	0
Government services provision and infrastructure distribution	4	10	10	0
Local and Foreign Investment	2	8	8	4
Peace and Social Order	12	2	8	2
Equal access and distribution of natural and man-made resources	1	13	6	4
Gender equality	3	3	7	11
Tenure Security	2	8	13	1
Eradication of Corruption	5	7	6	6
Agricultural Development	15	9	0	0

Para além dos critérios delineados na Tabela 8, a eficácia e eficiência de como as terras consuetudinárias em Samoa são questionadas e avaliadas com base na sua administração social. Foi pedido aos participantes que apresentassem as suas perspectivas sobre o tratamento dado pelos sistemas fundiários consuetudinários aos diferentes géneros e grupos etários em termos da sua capacidade de desenvolver e possuir terras. Mais importante ainda é saber até que ponto o sistema é inclusivo na tomada de decisões sobre questões de terra, uma vez que este é um dos elementos subjacentes ao planeamento bem sucedido e à preparação de políticas - consultas inclusivas e participativas e um processo de tomada de decisões que é indiscriminado contra pessoas de diferentes estatutos económicos, idade e género. Um resumo das conclusões é apresentado a seguir:

❖ Tabela 9: A administração tradicional de terras consuetudinárias em particular, como se vê nas aldeias, mostra um forte domínio do patriarcado e mais de 60% dos participantes concordam com isto. As mulheres e as crianças são geralmente marginalizadas no processo de tomada de decisões, pois mais de 50% dos inquiridos concordam com a sua inclusão ocasional, uma vez que a maioria das principais decisões sobre terras são decididas pelo conselho de chefes que, na sua maioria, se não na totalidade, é constituído por homens;

❖ Quadro 10: A terra está associada a títulos de chefe e, por conseguinte, para ter direito à propriedade da terra e participar no processo de tomada de decisões sobre a terra, é necessário adquirir um título de chefe. Este processo é muito lento em Samoa, pois os costumes ainda estão a adaptar-se às novas mudanças. As respostas mostram que 62% dos participantes concordam que o número de mulheres chefes no país é inferior a 40% em comparação com os homens chefes, enquanto 84% acreditam que o número estimado de parcelas de terra pertencentes a mulheres é inferior a 45%.

Tabela 9:Agências chave - Quão 'Patriarcal' e 'Inclusiva' é a Administração de Terra Consuetudinária?

	Strongly Agree	Agree	Neutral	Disagree	Strongly Disagree
Is Customary Lands Administration 'patriarchal'?	7	8	8	1	0
	Always	Sometimes	Neutral	Hardly	Never
Inclusiveness of Women and Children in Decision Making?	0	14	0	8	0

Quadro 10: Agências-chave - Chefes femininas e propriedade de terras em Samoa

	<5%	5 – 15%	15 – 25%	25 – 35%	35 – 45%	45 – 55%	55 – 65%	65 – 75%	>75%
Estimated % of Female Chiefs in Samoa	0	4	4	4	5	5	2	0	0
Estimated % of Land Parcels owned by Women in Samoa	0	5	5	2	8	2	0	2	0

6.1.5 Principais agências - Administração das Terras Consuetudinárias: Mudar ou manter?

Os participantes, após a sua análise individual da praticabilidade e conveniência da administração das terras consuetudinárias, foram questionados sobre se gostariam ou não de ver algumas mudanças na forma como o sistema funciona atualmente. Além disso, justificaram as suas respostas apresentando as razões pelas quais gostariam de ver mudanças ou, por outro lado, a perseverança em manter o processo atual.

Como destacado na Tabela 11, apesar das críticas negativas sobre a baixa produtividade de terras consuetudinárias em termos de desenvolvimento socioeconómico, é surpreendente que a maioria dos participantes escolheu manter o sistema como está ou com algumas mudanças introduzidas. A Tabela 11 mostra que 75% dos inquiridos optaram pela opção de manter a administração de terras consuetudinárias, o que demonstra a forte ligação cultural das pessoas à terra, o sentido de patriotismo e orgulho e, além disso, a segurança dos seus direitos de propriedade que é protegida pelo sistema tradicional e legal.

Tabela 11: Agências chave - Sistema de Administração de Terras Consuetudinárias: 'Manter' OU 'Mudar?

	Maintain	Change
Planning and Urban Management Agency (PUMA – MNRE)	5	2
Land Management Division (LMD – MNRE)	3	2
Office of the Attorney General	2	0
Meteorological Services Division (MET - MNRE)	2	1

	Maintain	Change
National University of Samoa (NUS)	2	0
6. Building Division & Land Transport Division (MWTI)	3	1
7. Land and Transport Authority (LTA)	1	0

Segue-se um resumo das justificações que os inquiridos apresentaram para justificar a continuação do sistema na prática, bem como as alterações que pretendem que sejam introduzidas no quadro 12:

❖ As terras tradicionais são a marca da cultura e da identidade e, sem elas, a estrutura social desmorona-se;

❖ A natureza inalienável das terras consuetudinárias é acarinhada por muitos, uma vez que assegura os seus direitos para os seus filhos e para as gerações vindouras e também minimiza o controlo e a propriedade estrangeiros da terra;

❖ O papel crucial do conselho de aldeia na manutenção da ordem social e da paz nas aldeias rurais e na atuação como mediador entre o governo e a população permite a facilitação sem falhas dos desenvolvimentos governamentais e só é válido devido à ligação entre o sistema de títulos de propriedade e a terra;

❖ A manutenção das terras tradicionais mantém o governo sob controlo e as suas políticas enraizadas nos valores culturais samoanos, o que, por sua vez, ajuda a controlar a influência ocidental;

❖ Devem ser implementadas mudanças para facilitar os actuais objectivos de desenvolvimento, criar mais oportunidades de emprego, aumentar o investimento e incentivar a diversificação da economia. Samoa, enquanto pequeno Estado insular em desenvolvimento, não pode ficar eternamente agarrada ao passado e às práticas pré-coloniais, uma vez que já se registaram mudanças e, nesta nova era, os países têm de aproveitar os benefícios da economia de escala em vez do isolamento;

❖ O sistema jurídico que rege as terras consuetudinárias foi criado durante a administração colonial e está enraizado em valores e procedimentos ocidentais que são estranhos aos Fa'a-Samoa e precisa de ser reformado;

❖ Devem ser tomadas medidas para garantir a inclusão das mulheres e das crianças no processo de tomada de decisões sobre questões fundiárias, promover a igualdade e a equidade na distribuição e no acesso aos recursos e eliminar a marginalização de certos privilégios sociais e económicos nas terras consuetudinárias devido ao estatuto e ao género.

Quadro 12: Principais agências - Razões para introduzir alterações OU manter o atual Sistema de Administração de Terras Consuetudinárias

Maintain	Change
- The lands provides every individual a sense of belonging (fa'asinomaga) and ensure the security of the family heritage and history that is attached to land; hence we should be extremely careful of modern changes that tends to erase these cultural treasures; - Customary land is	- Existing legislation governing customary lands in Samoa must be reviewed in order to get a more consensus approach on the administration processes as well as ownership. It is in fact undeniable that many disputes in Samoa result from customary lands ownership in relation to the matai system where the

predominantly owned or control by the extended family and it is therefore difficult for one person to assert full control or claim on the land and the title without the collective approval of the family. I believe it's a fair system that keeps our land from getting alienated by others or outsiders;

- It should maintained to ensure our future generations will not perish as they will always have a place to belong and an attached position and sense of belonging to a particular community or village;

- It is part of a Samoan's identity, and deeply rooted in our culture. If customary land ownership erodes, it may displace our people and raise social, security, economic, political and such issues. Customary land is more than ownership, it is an identity;

- Despite many criticisms the customary land administration is functional in maintaining social order and peace in rural areas, protecting culture and facilitate economic development;

- The village council has had a long history of cooperation with the government in conserving the environment and natural resources as well protecting infrastructures

majority of males are paramount chiefs of their families (aiga) hence having the supreme power and authority to have control over the customary lands;

- The current administration of customary lands where decisions on one's land must be a consent of the whole extended family prevents the productive use of land and facilitates poverty and unemployment;

- The customary land administration system may have worked a thousand years ago before the Western influence and the significant increase in population growth. Changes needs to be made to accommodate the new economic and social development direction in this new era;

- There is a high unemployment rate in the country and hence changes should be encouraged to attract more investors to assist with the economic development of the country and provide employment opportunities;

- The increasing cost of life as opposed to the unproductive agricultural sector has pushed young people from rural villages to the urban areas in

from vandalism;

- The system ensures land tenure security for the poor and vulnerable groups and avoid the alienation of land due to the influence of money and foreign investors;

- Public consultations is simplified through the village council authority and the linkage between the government and village mayors established under the internal affair division of the MWCSD;

- The changes that have been implemented during colonization saw the alienation of land from people which is why the current system has been legitimized under the constitution in the first place;

- The proposed Torrens System that the government has forcefully implemented without proper consultations is adopted from developed countries and is completely invalid and inappropriate to the nature of customary lands in Samoa and its principles though it promotes economic development, it also encourages tenure insecurity and land alienation; furthermore the system emphasized individual titles on land which has caused the new change where by a 'pule' or one chief can contest his sole authority over

search for paid employment which in turn facilitates crimes, high urban population and poor standards of living in town;

- The current legal administration system for customary lands is based on the western style of courts and has been established by the colonial powers during the colonization process which is a corrupt and invalid system that must be abolished and replaced by a more effective and efficient system that is fully endorsed by the Samoan people;

- Changes is inevitable and we cannot forever dwell in the past as we have seen firsthand how much things have changed socially, economically, politically and more so culturally from the past 50 years. It is understandable that culture is important but to keep pace with development and the current socio-economic status of the country, a new system and model that accommodates and integrate the principles of customary lands and development objectives must be put in place;

- The facilitation of customary lands by the village council based on cultural protocols is a challenge to policy

land once approved can do whatever he wants without consulting with his family.	preparation as it prevents inclusive and participatory consultations which marginalizes women and children and further encourage unequal access and distribution of resources.

6.2 Comunidades - Resultados do questionário

6.2.1 Comunidades - Estado de participação

Foi criado um conjunto de questionários separado que visava os membros da comunidade e a população rural das aldeias para obter a sua opinião sobre a questão. Participaram e responderam aos questionários 20 pessoas de 20 aldeias diferentes das duas ilhas principais. A ideia era obter uma perspetiva variada das pessoas da base e a forma como estas percepcionam os princípios do ordenamento do território e a administração legal das terras consuetudinárias em oposição à administração tradicional a que estão sujeitas durante a sua vida quotidiana nas zonas rurais e no contexto da aldeia. O link para o inquérito em linha foi novamente publicado nas redes sociais, tendo recebido menos respostas do que os questionários enviados diretamente aos residentes das aldeias. A Figura 12 mostra a distribuição das aldeias de onde os inquiridos são oriundos e onde residem atualmente.

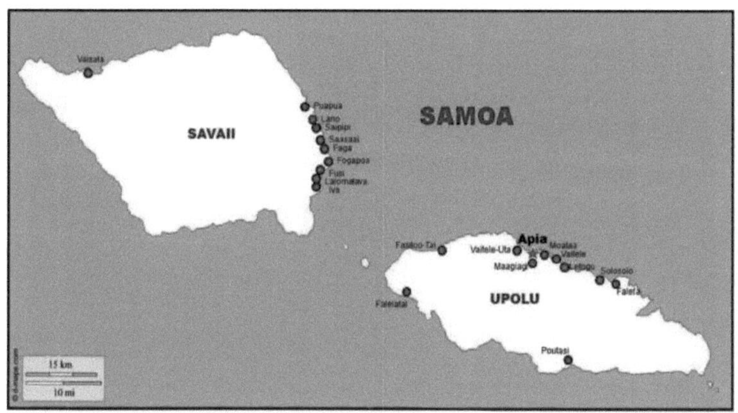

Figura 12: Comunidades - Distribuição dos inquiridos por aldeia

6.2.2 Comunidades - Avaliação da eficácia das terras consuetudinárias

O Quadro 13 apresenta a análise da forma como a população da comunidade avaliou a eficácia e a eficiência da administração das terras consuetudinárias, tanto legais como, principalmente, a operação tradicional no âmbito do conselho principal nas aldeias. Os mesmos critérios que foram utilizados para o questionário das agências governamentais, que se baseia na direção e nos objectivos principais de desenvolvimento do país definidos na Estratégia para o Desenvolvimento de Samoa, nos princípios de planeamento do uso da terra e nos objectivos das convenções internacionais a que o governo dá prioridade, foram utilizados para avaliar a forma como as pessoas nas aldeias vêem o sistema de administração de terras consuetudinárias. O objetivo era conhecer as perspectivas da população em geral sobre a questão, com base nos conhecimentos tradicionais, por oposição às agências governamentais. Uma análise dos resultados na Tabela 13 é resumida abaixo:

❖ Mais de 70% dos participantes concordam com o contributo efetivo da administração das terras consuetudinárias para a conservação dos ecossistemas marinhos e costeiros, da silvicultura, dos recursos das bacias

75

hidrográficas e do desenvolvimento agrícola;

❖ 40% concordam com a cooperação da administração das terras
consuetudinárias para a distribuição de serviços e infra-estruturas
governamentais e 50% são da mesma opinião sobre os desafios que o
sistema coloca ao investimento estrangeiro;

❖ Para além da manutenção da ordem social nas comunidades e da segurança
da posse, em que mais de 50% dos inquiridos concordam com a contribuição
bem-sucedida do sistema nestas áreas, a igualdade de género, a corrupção
e a distribuição e acesso desiguais aos recursos são áreas em que a
administração de terras consuetudinárias requer atenção e melhoria. Menos
de 6% dos participantes concordam com o fraco desempenho do sistema em
nestes domínios.

Quadro 13: Comunidades - Avaliação da eficácia da administração das terras consuetudinárias

Customary Lands Contribution to:	Very Effective	Somewhat Effective	Neutral	Ineffective
	Number of respondents	Number of respondents	Number of respondents	Number of respondents
Marine Conservation and Protection	14	6	0	0
Coastal Ecosystems Conservation and Protection	14	5	1	0
Forestry conservation and protection	16	2	2	0
Water sources Conservation and Protection	12	6	1	1
Government services provision and infrastructure distribution	8	6	4	2
Local and Foreign Investment	10	2	4	4
Peace and Social Order	12	4	3	1
Equal access and distribution of natural and man-made resources	6	5	1	8
Gender equality	1	4	5	10
Tenure Security	11	6	3	0
Eradication of Corruption	4	4	2	10
Agricultural Development	19	1	0	0

O contexto social da administração consuetudinária da terra também foi avaliado perguntando aos participantes sobre a sua perspetiva sobre o estatuto de desenvolvimento e posse de terra, bem como sobre o grau de inclusão e acomodação do sistema para pessoas de diferentes géneros e idades. Para avaliar isto, foi pedido aos participantes que dessem uma estimativa baseada no seu conhecimento da propriedade de terra e tomada de decisões nas suas aldeias sobre assuntos tais como a percentagem do terra que é propriedade de mulheres, a percentagem de chefes femininos e se os protocolos culturais na aldeia acomodam ou marginalizam certos grupos de pessoas em termos de decisões ou acesso a terra e recursos. As respostas dos participantes na Tabela 14 e 15 são resumidas abaixo:

❖ Tabela 14: 40% concorda fortemente com o domínio do patriarcado na administração de terras consuetudinárias e 50% partilha a mesma opinião sobre o nível crescente de marginalização de mulheres e crianças do processo de tomada de decisão sobre questões de terra;

❖ Tabela 15: 55% concorda que a população de chefes femininos em Samoa é inferior a 5% em comparação com a de chefes masculinos e 60% estimou que o total de parcelas de terra sob propriedade feminina também é inferior a 5% em comparação com a quantidade de terra que é propriedade dos homens.

Tabela 14: Comunidades - Quão 'Patriarcal' e 'Inclusiva' é a Administração Costumeira da Terra?

	Strongly Agree	Agree	I don't know	Disagree	Strongly Disagree
Is Customary Land Administration 'patriarchal'?	8	4	4	1	3
	Always	Sometimes	I don't know	Hardly	Never
Inclusiveness of Women and Children in Decision Making?	1	4	5	0	10

Quadro 15: Comunidades - Chefes femininas e propriedade de terras em Samoa

	<5%	5 – 15%	15 – 25%	25 – 35%	35 – 45%	45 – 55%	55 – 65%	65 – 75%	>75%
Estimated % of Female Chiefs	11	4	2	0	2	1	0	0	0
Estimated % of Land Parcels owned by Women	12	4	2	1	1	0	0	0	0

6.2.3 Comunidades - Avaliação da tomada de decisões: Administração de Terras Consuetudinárias VS Planeamento Urbano

Os participantes que foram destinatários de um Land e

Foi pedido ao Tribunal de Títulos, que representa a administração legal das terras consuetudinárias, ou a uma decisão do conselho de aldeia, que representa a administração tradicional em matéria de terras, que avaliassem o mérito dessas decisões e como

satisfatória baseou-se na sua análise dos objectivos e critérios acima mencionados, com especial ênfase na justiça e equidade na distribuição e acesso aos recursos.

Adicionalmente, os participantes que também foram afectados por uma decisão de planeamento do uso da terra da Agência de Planeamento e Gestão Urbana deveriam analisar o grau de satisfação de tal decisão com base nos mesmos conceitos da tabela acima, mas com ênfase na saúde e segurança públicas, que são os princípios estatutários do planeamento. Dos 20 inquiridos, 12 foram afectados tanto pelo sistema de administração de terras consuetudinárias como pelas decisões de planeamento urbano. As respostas mostradas na Tabela 16 revelam que das 12 pessoas que foram afectadas, 5 estavam muito insatisfeitas com as decisões do conselho da aldeia e de Terras e Títulos sobre os seus casos de disputa, enquanto metade dos participantes teve a mesma reação às decisões da Agência de Planeamento e Gestão Urbana, que na sua maioria têm a ver com acções de execução sobre novos desenvolvimentos nas suas terras.

Quadro 16: Comunidades - Avaliação das decisões de administração de terras consuetudinárias e de planeamento urbano

	Very Satisfactory	Satisfactory	Neutral	Unsatisfactory	Very Unsatisfactory
Affected by Village Council and Land and Titles Court Decision	1	2	1	3	5

	Very Satisfactory	Satisfactory	Neutral	Unsatisfactory	Very Unsatisfactory
Affected by PUMA Decision	1	4	1	0	6

6.2.4 Comunidades - Sistema de administração de terras consuetudinárias: 'Mudar' OU 'Manter'?

Com base na sua avaliação da contribuição das terras consuetudinárias para o desenvolvimento social, cultural e económico do país e dos impactos directos da administração de terras consuetudinárias nas suas vidas diárias, foi perguntado aos participantes se o sistema deveria ser mantido ou alterado. A Figura 13 mostra que mais de 80% dos inquiridos insistem fortemente em manter a administração de terras consuetudinárias ou com algumas mudanças introduzidas. A Tabela 17 fornece uma análise das razões dadas pelos participantes justificando os seus motivos para manter a administração de terras consuetudinárias e o motivo para introduzir mudanças. Um resumo das respostas é listado abaixo:

❖ A natureza inalienável das terras consuetudinárias, que também é legalmente reconhecida, prova que proporciona segurança de posse às pessoas e, ao mesmo tempo, restringe a sua propriedade estrangeira;

❖ A propriedade colectiva da terra pela família alargada incentiva uma liderança responsável e altruísta, servindo e protegendo os interesses da família em vez de promover a sua própria agenda e beneficiar das terras da família;

❖ A administração consuetudinária das terras também defende os valores Fa'a-Samoa centrados na solidariedade familiar, como a paz, o amor, o respeito e a coordenação entre os membros da família. Tudo isto se perderá quando os títulos individuais são introduzidos quando as pessoas se mantêm isoladas e não se preocupam com a sua interação e com o bem-estar dos outros;

❖ Incentiva a transparência na preparação de políticas e na tomada de decisões pelo governo, uma vez que as pessoas têm sempre de ser consultadas sobre questões ou propostas de desenvolvimento que afectem ou possam exigir a aquisição de terras consuetudinárias;

❖ Muitos dos mitos, lendas, crenças culturais e religiosas de Samoa estão associados a sítios históricos situados em terras consuetudinárias; por conseguinte, a alienação destas terras conduzirá à perda de muitas práticas e crenças culturais;

❖ O preço de mercado dos terrenos de propriedade limitada é caro, o mesmo acontecendo com as habitações do Estado, o que torna os terrenos tradicionais mais atractivos;

❖ As terras consuetudinárias sempre foram conhecidas pelo seu papel na agricultura de subsistência e pelo papel do conselho tradicional da aldeia na manutenção da paz e da ordem nas comunidades; além disso, os antepassados do passado deram as suas vidas pela liberdade e, por isso, é desrespeitoso dar aquilo por que lutaram;

❖ No entanto, para facilitar o desenvolvimento e proporcionar mais oportunidades de emprego, algumas pessoas concordam que devem ser feitas alterações à administração das terras consuetudinárias para permitir uma utilização mais produtiva e uma abordagem mais permissiva ao investimento estrangeiro;

❖ O domínio do patriarcado na tomada de decisões sobre questões fundiárias consuetudinárias promove a desigualdade entre os sexos e marginaliza as mulheres e as crianças da participação não só nas decisões a nível das aldeias, mas também nas consultas governamentais, o que, por sua vez, afecta a qualidade das políticas e da legislação elaboradas;

❖ Os inquiridos concordam com a corrupção e o favoritismo nas aldeias, o que revela inconsistências na tomada de decisões e algumas penalizações severas que incluem a expulsão das pessoas das suas terras. Esta situação causa vulnerabilidades sociais e económicas a certos grupos de pessoas e promove a desigualdade no acesso e na distribuição dos recursos.

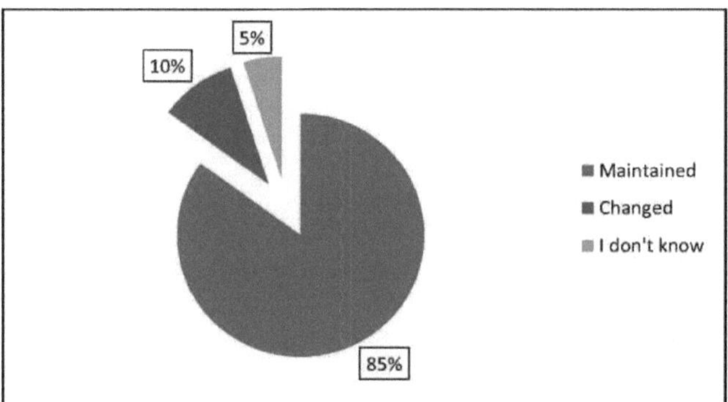

Figura 13: Comunidades - Sistema de administração de terras consuetudinárias: 'Manter' OU 'Mudar'?

Maintain	Change
- Customary land system provides land tenure security and ensuring a place in society and a sense of belonging for future generations - Agriculture and farming on customary lands is the main source of income, food supply and other basic necessities of life for many families in rural villages; - The increasing costs of freehold lands as well as government housing makes the customary land system even more ideal - The Samoan culture is deeply rooted in the land as proof of legends, myths, cultural wears and food and hence alienating the land from people or adapting to Western changes will also mean changes or worse losing our culture and language - The collective ownership of land by the extended family prevents greedy men from promoting their own interests above the needs of others and it also encourage unselfish leadership and good governance; - Family solidarity and respect is at the heart of the faa-Samoa which is encouraged by the collective ownership of land; individualization of land will	- The traditional administration of customary lands by the village council promotes corruption and favouritism in terms of the unequal access and distribution of resources; - The customary land administration must be reviewed and consider some changes to allow the productive use of land and remove limitations on some of the economic activities that will facilitate development, provides employment in the rural areas and minimize poverty; - Customary land in Samoa is attached to chief titles and the fact that some if not most villages do not allow women to hold chief titles is a complete setback of the system which promotes gender inequality and marginalization of women from owning land; - Despite the existence of other social groups in the structure of a Samoan village such as the chiefs and orators'

demote such values and promote division of people, breakdown in communication and the lack of trust and cooperation; - "Samoa mo Samoa" or Samoan people governing their own affairs was the supreme goal of the Mau a Pule Movement and is a principle that is deeply engraved in the customary lands system. Alienation of customary lands in any form is a disrespect for our ancestors who gave their life for this very purpose and freedom; - The collective ownership nature of customary lands by the extended family restricts foreign ownership of land, the total alienation of land from the people as well as limiting the authority of the government with regards to developments and plans that threatens the tenure security and ownership of land or the quality and access to certain natural resources; - The village council's collective authority over the village's land helps to ensure peace and social order in the village by restricting certain types of development that is considered beneficial or a threat to the health and safety of its villagers and furthermore its taboos and rules protects natural resources from being exploited as well as government infrastructures from vandalism	wives (faletua ma tausi), the young women (aualuma) and young men (taulele'a); the chief council (fono a matai) is the paramount decision making group in the village and most of the times decisions on land are made by men while other social groups are marginalized;

Em retrospetiva, pode concluir-se que o povo samoano compreende claramente as deficiências da administração fundiária consuetudinária e o seu enorme potencial como fator impulsionador do desenvolvimento económico, se for utilizado de forma produtiva. Apesar dos obstáculos e das mudanças significativas, as pessoas ainda estão fortemente ligadas à ideologia passada dos princípios e valores culturais subjacentes à posse consuetudinária da terra durante os tempos pré-coloniais. Esta perspetiva da terra como sagrada e marca de nascença da cultura e identidade samoanas forjou uma ligação cultural e espiritual inseparável entre o povo e a terra, que se tornou ainda mais forte devido à natureza manipuladora e exploradora das reivindicações de terras durante o contacto europeu. As pessoas estão mais satisfeitas em lutar contra as más condições de vida do que em perder o controlo e os direitos de propriedade da terra. Uma análise mais pormenorizada dos resultados é abordada no capítulo seguinte.

CAPÍTULO 7

DISCUSSÃO E ANÁLISE

Esta secção apresenta uma análise exaustiva das questões preocupantes levantadas pelo inquérito no que diz respeito à administração legal e tradicional dos terrenos consuetudinários. Discutirá exaustivamente as perspectivas que envolvem a contribuição dos terrenos consuetudinários para o desenvolvimento social e económico de Samoa, as funções dos órgãos administrativos envolvidos na gestão e desenvolvimento dos terrenos consuetudinários, bem como os procedimentos legislativos que delegam poderes e prescrevem determinadas responsabilidades às instituições reguladoras. Por último, e mais importante, este capítulo discute os impactos da administração das terras consuetudinárias nas funções da divisão de planeamento urbano e uma avaliação deste sistema em relação aos princípios dos dois quadros de gestão de terras de renome até à data - nomeadamente as Directrizes Voluntárias sobre a Governação Responsável da Posse de Terra e o Continuum de Direitos da Terra da ONU-Habitat.

7.1 Principais questões preocupantes

Esta secção apresenta uma visão geral e uma análise da administração tradicional e legal das terras consuetudinárias, bem como do processo de planeamento urbano em Samoa. Esta análise é feita a partir das perspectivas dos participantes no inquérito e baseia-se nos pontos fortes e fracos dos três sistemas, com base nas perspectivas dos participantes no inquérito e na literatura pesquisada, sendo ainda apoiada por estudos de caso de Samoa e dos países insulares do Pacífico.

7.1.1 Sistema tradicional de administração de terras consuetudinárias

7.1.1.1 Pontos fortes

Com base na análise das respostas dadas pelos participantes no inquérito e na literatura de apoio, a administração tradicional consuetudinária da terra, cujas funções são principalmente desempenhadas pelo conselho da aldeia, tem uma forte posição positiva e influências que muitos, especialmente os membros da comunidade, apoiam a ideia de a manter. Alguns destes pontos fortes incluem:

-   Afinidade cultural com a terra;

-   Acessibilidade e atualidade;

-   Familiaridade e informalidade;

-   Adaptabilidade e acessibilidade;

-   Enfoque na comunidade

(A) . Afinidade cultural com a terra

A ancestralidade e a identidade da cultura samoana estão inseparavelmente ligadas à terra. Os títulos de chefe e a autoridade do conselho da aldeia só são válidos devido à sua ligação à terra e, por conseguinte, a alienação das terras consuetudinárias é vista como a morte deste sistema e da cultura. Por isso, os proprietários de terras consuetudinárias resistem à compra ou à transferência direta da propriedade, mesmo de uma parte das suas terras, e sobretudo ao registo de terras segundo o sistema Torrens, uma vez que a terra deixará de ser regida pelo costume quando um título individual for libertado.

(B) . Acessibilidade e atualidade

A localização da autoridade do conselho de aldeia dentro de cada aldeia torna-a conveniente para os membros da comunidade em termos de acessibilidade quando surgem questões ou conflitos que envolvem terras consuetudinárias (Zurstrassen 2012). O sistema tradicional, através dos chefes, pode intervir imediatamente e os assuntos são geralmente resolvidos no local, ao contrário dos assuntos que são levados a tribunal, onde as partes esperam longos períodos por uma decisão.

(C) . Familiaridade e informalidade

A autoridade tradicional do conselho da aldeia na resolução de questões relacionadas com terras consuetudinárias é muitas vezes a plataforma principal que as pessoas procuram para mediação e justiça, uma vez que está localizada diretamente nas suas comunidades. Assim, não só estão familiarizados com a vida quotidiana e os costumes na aldeia, mas também com os indivíduos que lá vivem (Zurstrassen 2012). Para além disso, a sua informalidade, em contraste com o sistema jurídico em que são seguidos determinados procedimentos, é uma razão que atrai a confiança dos membros da comunidade.

(D) . Adaptabilidade e preço acessível

A autoridade do conselho de aldeia nem sempre é tão absoluta, pois também tem a capacidade de adaptar os seus regulamentos e decisões com base no contexto de mudança da vida nas aldeias. Além disso, muitos aldeões preferem o sistema tradicional em vez do tribunal porque é muito mais acessível, em que as partes pagam os honorários legais de representação, a deslocação e uma multa monetária se perderem (NZLC 2006).

(E) . Foco na comunidade

O conselho da aldeia é constituído por chefes respeitados na comunidade e cada um representa os interesses colectivos das suas famílias e o seu objetivo e foco é manter a harmonia social entre os membros da comunidade. Tentam procurar resoluções com as quais todas as partes possam concordar e que representem os interesses colectivos da comunidade, em vez de imitarem o sistema judicial que dá ênfase aos direitos e benefícios individuais, criando divisões entre as pessoas que ganharam ou perderam um caso (NZLC 2006). Esta é talvez a principal razão pela qual é difícil ignorar a autoridade do conselho de aldeia sobre questões de terra, uma vez que as pessoas vêem o sistema judicial como outro produto do colonialismo e um método estrangeiro dos ocidentais para minar propositadamente os costumes.

7.1.1.2 Pontos fracos

No entanto, as opiniões divergem, pois há quem queira manter o sistema tradicional, mas esteja disposto a acolher algumas mudanças devido a algumas das más experiências que se têm registado. Estes inconvenientes incluem:

- Entrave ao desenvolvimento;
- Processos não equitativos;
- Discriminatório;
- Incerteza;
- Aplicação da lei

(A) . Entrave ao desenvolvimento económico

O sistema fundiário consuetudinário tem sido o principal tema de críticas por parte de muitos teóricos quanto à razão pela qual o desenvolvimento económico é um processo lento na região do Pacífico e, a menos que sejam impostas mudanças, as nações do Pacífico continuarão a lutar e a depender de ajudas estrangeiras. Com base nos êxitos de outros países que fizeram progressos significativos no desenvolvimento económico graças à adoção de títulos individuais de propriedade, muitos concluíram que os princípios das terras consuetudinárias são inadequados para a promoção dos objectivos de desenvolvimento nacional propostos para este novo século (Armitage 2001).

Esta observação pode ser verdadeira quando se compara o nível de vida, as prioridades de desenvolvimento socioeconómico e a população de Samoa e de muitas ilhas do Pacífico, atualmente, com os últimos 50 anos, o que mostra que as mudanças são inevitáveis, apesar de as pessoas tentarem resistir e manter os princípios e valores culturais dos tempos pré-coloniais. O próprio sistema fundiário consuetudinário em

Samoa evoluiu, tal como O'meara (1987) descreve, com o aparecimento do chamado *"individualismo consuetudinário"*, que é uma versão modificada do sistema tradicional de posse da terra, que assistiu à introdução do *"princípio da descendência"*, segundo o qual as pequenas propriedades familiares permanecem nas mãos de cada família. Este sistema de facto de posse familiar individual parece ser a prática comum nos dias de hoje e o costume ainda está a aceitar isto apesar da ideologia persistente de que a terra é controlada e atribuída pelo *'matai'* que é o *'sao' da* família alargada.

No entanto, o sucesso florescente de um determinado sistema num país não garante necessariamente que ele dará os mesmos resultados quando aplicado a outro país. Cada nação tem diferentes prioridades de desenvolvimento e dificuldades técnicas baseadas na cultura e nos recursos e, mais importante ainda, a terra consuetudinária é um sistema muito diversificado que é administrado segundo princípios diferentes em diferentes regiões, países e comunidades. Como ilustrado pelo estudo de caso da Papua Nova Guiné, as tentativas de eliminar o sistema de terras consuetudinárias e de abrir caminho para a individualização dos títulos de terras com base no sistema australiano Torrens e motivadas pelo progresso bem sucedido do desenvolvimento económico dos títulos de terras individuais no Quénia não produziram os resultados esperados.

> **Case Study – Papua New Guinea (Mugambwa 2007).**
>
> Following the release of the East African Royal Commission (EARC, 1953) Report which was an attempt by the British colonial government to investigate and recommend ways to promote economic development in its East African colonies; Kenya adopted policies that facilitated the individualization and registration of titles over land. Land reform was the main recommendation of the EARC report which strongly condemned the customary land tenure as a constraint to investment as the system does not allow customary lands as collateral for agricultural loans because financial institutions did not recognise customary titles. Furthermore, there is no incentive for individuals to invest in the land to increase its productivity or make long-term improvement in the land because there is no sufficient assurance that their long-term land rights were secure. When

> Kenya became independent in 1963, they maintained the title registration system and declared a free market economy which resulted in significant increase in investment.
>
> Inspired by the EARC report and the economic success of Kenya, PNG decided to extend their commercial farming scheme based on the Kenyan model in 1960. However the Australian administration singled out how the customary land tenure is a setback to the approach and therefore recommends the Australian Torrens System. Several legislations were enacted to facilitate the implementation of the proposed system. Nevertheless, unlike Kenya where the British administration did not recognize the indigenous people's land rights; the implementation process in PNG was very slow, expensive and contentious in some parts of the country. Customary land tenure in PNG was way diverse to be incorporated into a narrow legislation that lacked proper consultation with the population and this caused suspicions about the colonial administration's motives. Many people feared the loss of land which will be a disaster while the nation was on the brink of becoming independent. As a result, the bill was withdrawn in 1973 and a Commission of Inquiry into Land Matters (CILM) was appointed to properly examine the views of the people.

(B) . Processos não equitativos

O sistema fundiário consuetudinário é vulnerável à manipulação e é conhecido pela corrupção e pelo favoritismo dos detentores do poder. As partes podem sentir-se excluídas do processo de tomada de decisões e a força da familiaridade pode ser vista como uma fraqueza quando existem conflitos de interesses. Este abuso de poder por parte dos líderes retrata um desafio entre o sistema tradicional e o sistema legal, que deveriam trabalhar em conjunto.

(C). Discriminatórias

Os direitos de determinados grupos e géneros podem ser ignorados, especialmente das mulheres e das crianças, devido ao forte domínio de uma cultura patriarcal. Isto marginaliza e suprime as vozes das mulheres e dos grupos minoritários, impedindo-as de serem ouvidas ou de contribuírem efetivamente para as decisões importantes relativas à utilização da terra e dos recursos. As necessidades das vítimas são geralmente comprometidas e mais vulneráveis devido à desigualdade na distribuição e no acesso aos recursos naturais e artificiais.

(D). Incerteza

A administração tradicional das terras consuetudinárias, em particular pelo conselho da aldeia, carece de previsibilidade devido às inconsistências nas decisões. Isto deve-se ao facto de que, ao contrário do tribunal, onde existem normas legais escritas e bases para decisões e sanções, a decisão do conselho tradicional da aldeia carece de consistência na tomada de decisões e é normalmente influenciada por conflitos de interesses. Por conseguinte, algumas das resoluções tradicionais para questões de litígios infringem as normas e violam os direitos humanos e as medidas que são aceites pelo Estado no tribunal. Uma ilustração de tais decisões inclui o banimento de pessoas da aldeia e a renúncia aos seus títulos de chefe, o que as aliena das suas terras, ou o ato extremo de queimar a casa do infrator até ao chão e abater qualquer forma de sustento que ele ou ela possa possuir.

(E). Aplicação da lei

Os padrões de punição do conselho de chefes podem diferir consideravelmente dos padrões considerados apropriados pelas instituições estatais ou de decisões anteriores sobre o mesmo assunto. Além disso, ao contrário das questões que são ouvidas perante o Tribunal de Terras e Títulos, onde existe uma forma legal de recorrer das decisões, as decisões do conselho da aldeia carecem de tal fórum, visto que a sua decisão é considerada final e as vítimas raramente se atrevem a levar as questões a tribunal contra a aldeia, visto que não só a ira da aldeia se estenderá ao resto da família alargada, mas também proibirá quaisquer hipóteses de reconciliação e de regresso às suas terras no futuro.

7.1.2 Sistema legal de administração de terras consuetudinárias

7.1.2.1 Pontos fortes

A administração legal das terras consuetudinárias, que se refere maioritariamente à função do sistema judicial, especificamente o Tribunal de Terras e Títulos, que existe principalmente para resolver questões importantes sobre terras consuetudinárias que estão para além do âmbito da autoridade do conselho dos chefes nas aldeias para mediar. No entanto, isto também pode incluir todas as legislações existentes que foram preparadas ou que estão em preparação e que afectarão os direitos das pessoas em termos de ocupação, gestão, desenvolvimento, transferência ou qualquer outro processo relacionado com as terras consuetudinárias. De acordo com o inquérito, alguns dos inquiridos mostraram apoio à administração legal das terras consuetudinárias e as razões são apresentadas abaixo:

- Harmonização do sistema tradicional e jurídico;
- Fórum secundário para as questões fundiárias

(A) . Harmonização do sistema tradicional e jurídico

O reconhecimento legal da autoridade do conselho de aldeia na constituição, a documentação de legislações e políticas que protegem os direitos locais sobre a terra e impedem a alienação de terras consuetudinárias são algumas das tentativas do governo que parecem trazer harmonia entre o sistema de administração tradicional e legal em terras consuetudinárias. Isto é muito importante, uma vez que incentiva a confiança do público nos organismos governamentais e aumenta o cumprimento durante a aplicação de novas políticas e regulamentos que incluem a conservação, gestão e desenvolvimento de recursos em terras consuetudinárias. A integração bem sucedida dos dois sistemas promoverá uma melhor comunicação, coordenação e apoio das pessoas relativamente aos objectivos de desenvolvimento propostos pelo governo que afectarão a terra.

(B) . Fórum secundário para as questões fundiárias

O sistema judicial é um fórum secundário onde as pessoas procuram justiça e respostas sobre conflitos em terras consuetudinárias quando sentem que o sistema tradicional as tratou injustamente e não estão satisfeitas com a decisão do conselho da aldeia. É normalmente o último recurso para as pessoas e grupos marginalizados da sociedade cujas vozes são frequentemente ignoradas na tomada de decisões sobre terras e sentem que não há outra forma de desafiar a autoridade tradicional dos chefes da aldeia.

É o caso de uma família de Tanugamanono, em Samoa, que encontrou alívio e uma certa sensação de encerramento quando o tribunal ordenou que alguns dos chefes e homens da aldeia pagassem uma soma de $US350.000 como compensação pelos danos causados às propriedades da família que foram queimadas por decisão do conselho da aldeia. A família foi banida da aldeia e não lhe foi dada a oportunidade de defender o seu caso na reunião da aldeia (PMA 2014).

7.1.2.2 Pontos fracos

Infelizmente, a maior parte das pessoas manifestou um ponto de vista cético em relação à administração legal das terras consuetudinárias pelos seguintes factores

- Tribunal de Justiça de influência europeia;
- Falta de integração e competência nas legislações;
- Propriedade estrangeira de terras;
- Corrupção

(A) . Tribunal de Justiça de influência europeia

A Tabela 11 no capítulo de resultados mostra um alto nível de ressentimento dos membros da comunidade contra as decisões do Tribunal de Terras e Títulos em assuntos que afectam as suas terras. Esta mentalidade em relação aos procedimentos e ao protocolo do sistema judicial não é nova nem única, uma vez que este sistema jurídico híbrido baseado no costume e no direito comum inglês é contestado por muitas ilhas do Pacífico com terras consuetudinárias. O atual Tribunal de Terras e Títulos, anteriormente conhecido como Comissão de Terras e Títulos Nativos, nasceu da axila do direito ocidental durante a administração colonial de Samoa pela Grã-Bretanha, sob a supervisão da Nova Zelândia (Tiffany 1974). Este organismo era dirigido por um presidente do tribunal europeu e por vários comissários nativos de Samoa que ocupavam apenas cargos consultivos e não podiam votar nas decisões.

A partir de hoje, um recurso de uma decisão do Tribunal de Terras e Títulos é levado ao Supremo Tribunal, onde os procedimentos seguem as regras processuais do Tribunal Europeu e as decisões se baseiam em provas juramentadas e testemunhos orais e as partes são representadas por advogados que, muitas vezes, estranham a decisão final de um juiz estrangeiro. Além disso, os princípios que influenciam o tribunal serão as decisões anteriores do mais alto nível de tribunais ou do nível equivalente, se não existir uma decisão de um tribunal superior, e muitas vezes a autoridade persuasiva de decisões extraídas de jurisdições fora da região, como a Inglaterra, a Nova Zelândia e a Austrália. Esta forte influência europeia provocou a falta de confiança do público num sistema que afirma basear-se nos costumes e, mais cedo ou mais tarde, os costumes samoanos transformar-se-ão lentamente numa forma de direito consuetudinário, tal como o inglês evoluiu para o direito consuetudinário inglês (Cooter 1989).

(B) . Falta de integração e de competência nas legislações

Foram manifestadas preocupações quanto à falta de complementaridade entre as legislações em vigor para facilitar a regulamentação e a gestão das terras consuetudinárias. Existem várias leis e regulamentos que se interessam pelas terras consuetudinárias que não só estão em contradição entre si, como também foram originalmente desenvolvidos durante a administração colonial e, além disso, baseiam-se em princípios de propriedade fundiária de países estrangeiros. É cada vez mais preocupante o facto de existirem demasiadas leis, algumas das quais estão desactualizadas e carecem de uma consulta adequada ao público, especialmente quando se trata de terras, que é um assunto tão sensível em Samoa. O estudo de caso que se segue apresenta um resumo de algumas das contradições existentes nas principais legislações que regem a gestão das terras consuetudinárias em Samoa.

system was introduced under the Land and Titles Registration Act which is a major change to land without proper consultation.

2. Constitution of the Independent State of Samoa (1960) vs Alienation of Customary Lands Act (1965)

Article 102 in the Constitution states that *"any alienation or disposition of customary land or of any interest in customary land, whether by way of sale, mortgage or otherwise howsoever is not lawful"*. However in the Alienation of Customary Lands Act (1965), Article 4 (2) grants the Minister the power to approve an interest in the lease or license of customary lands in the form of mortgage which contradicts with the constitution.

The delegation of power under the Alienation of Customary Lands Act is also a worrisome fact for many people with concerns over customary lands. According to Article 4(1), the Minister in his or her opinion may approve the grant of a lease or license of any customary land or interest therein as trustee for such land owners. Even though it states that such a decision has to be in the interest of the beneficial owners and public interest it does not clearly mention if it is mandatory for the Minister to consult with the owners.

Furthermore, Article 4(1) (b) states that the Minister can grant permission for a lease or license of any customary lands to build a hotel or any industrial purpose for a term not exceeding 30 years with or without rights of renewal for another term not exceeding 30 years. However in 2008, the government granted a Hawaii-based South Pacific Development Group (SPDG) a 120-year lease for 600 acres of customary lands in Sasina village on the island of Savaii for the purpose of building the Sasina Village Resort.

(C) . Propriedade estrangeira de terrenos

Embora a propriedade estrangeira de terras pareça estar limitada pelos princípios tradicionais e pela administração das terras consuetudinárias, algumas das legislações existentes têm uma jurisdição fraca e uma delegação de poderes e condições pouco claras, que podem abrir caminho para a alienação e a propriedade estrangeira de terras consuetudinárias. Por exemplo, a Secção 9(7) da Lei de Terras e Títulos (1981) estabeleceu o direito de um chefe contestar a sua autoridade exclusiva sobre as terras consuetudinárias da sua família e, se for bem sucedido, a sua autoridade 'legal' não é contestada e, por conseguinte, pode conceder um arrendamento da terra a quem quiser sem qualquer comunicação ou consentimento obrigatório da sua família alargada (GOS 1981).

A Lei sobre a Alienação de Terras Consuetudinárias (1965), que permite o arrendamento de terras consuetudinárias, oferece uma explicação muito vaga das condições do arrendamento, uma vez que não especifica o que acontece se os proprietários consuetudinários, no final do período de arrendamento, não puderem pagar os melhoramentos na terra, como pode muito bem ser exigido pelo promotor (GOS 1965). Este já é um problema para os proprietários consuetudinários em Vanuatu, onde, no final do período de aluguer, se não puderem pagar as melhorias na terra, não têm outra opção senão prolongar o aluguer por mais 99 anos, de acordo com as suas legislações (Mata'ese 2015). Os 600 acres de terras consuetudinárias arrendadas para um empreendimento hoteleiro em Sasina, como acima referido no estudo de caso de Samoa, podem muito bem ter os mesmos resultados no final dos 120 anos de arrendamento e, embora a terra seja apenas arrendada, o promotor estrangeiro tem o controlo, uma vez que a terra teria sido alienada por mais de três gerações e mais se o arrendamento se prolongar.

(D) . Corrupção

O nível alarmante de corrupção e de má gestão dos fundos públicos é um dos principais factores de desconfiança do povo samoano em relação a qualquer plano governamental que envolva a utilização de terras consuetudinárias. Para além de outros ministérios, talvez o exemplo mais significativo seja o da Samoa Land Corporation, uma empresa pública que assumiu a tarefa de gestão e desenvolvimento de uma porção excedentária de terras consuetudinárias arrendadas ao governo e anteriormente sob a supervisão da Western Samoa Trust Estate Commission (WSTEC) (GOS 2006).

Inicialmente, o WSTEC detinha 5% do total de terras em Samoa, ou seja, o equivalente a mais de 34 500 acres; em 1990, apenas 24 000 acres foram atribuídos à recém-criada Samoa Land Corporation, depois de o governo ter pago uma dívida de mais de 23 milhões de dólares ao WSTEC (SLC 2014). Devido a alegações de práticas de corrupção, foi enviada uma comissão parlamentar externa para efetuar uma investigação com base no relatório do auditor ao parlamento relativo ao período de junho de 2010 a junho de 2011. O relatório da comissão revelou uma série de decisões incoerentes, despesas excessivas e procedimentos incompatíveis com as políticas e os regulamentos governamentais existentes, pelo que recomendou vivamente a instauração de acções judiciais contra as pessoas envolvidas. Além disso, a empresa não dispunha de uma reconciliação completa dos terrenos nem de um registo que permitisse acompanhar os movimentos de terras, a venda e a transferência de terrenos e a quantidade real de terrenos remanescentes.

Estas deficiências são claramente detectadas na declaração de desempenho financeiro da empresa, mostrada nas Figuras 1 e 2, onde se regista um declínio de 5,6% no lucro líquido entre 2012 e 2013 e uma diminuição chocante de 50% entre o período do ano que terminou em 2013 e 2014. Este tipo de indiscrição apenas torna o público mais cético em relação aos planos e políticas governamentais que afectam as terras consuetudinárias, especialmente no que diz respeito à introdução do sistema Torrens.

SAMOA LAND CORPORATION LTD
STATEMENT OF FINANCIAL PERFORMANCE
FOR THE YEAR ENDED 30 JUNE 2013

	Notes	2013 $	2012 $
Income			
Real Estate	12(a)	9,493,074	7,488,070
Markets	12(b)	1,029,588	1,656,980
Faleata Golf Course	12(c)	638,493	650,109
Other Income	12(d)	131,360	204,273
Total Income		**11,292,515**	**9,999,432**
Operating Expenses			
Remuneration costs	13	2,403,791	2,550,727
Administration & Operating costs	14	4,931,862	3,086,419
Audit fees		15,000	15,000
Directors fees and expenses	22	124,790	19,699
Depreciation	11	1,919,771	1,958,537
Total Operating Expenses		**9,395,214**	**7,630,382**
Net Operating Profit		**1,897,301**	**2,369,050**
Finance Expenses			
Interest/fees on borrowings	15	1,200,620	1,630,596
Total Finance Expenses		1,200,620	1,630,596
Net Profit before Tax		**696,681**	**738,454**
Income Tax	9(a)	(188,104)	(199,383)
Net Profit after Tax		**508,577**	**539,071**

Figura 14: SLC - Declaração de Desempenho Financeiro junho 2012 -13 (SLC 2013).

SAMOA LAND CORPORATION LTD
STATEMENT OF FINANCIAL PERFORMANCE
FOR THE YEAR ENDED 30 JUNE 2014

	Notes	2014 $	2013 $
Income			
Real Estate	12(a)	6,470,398	9,493,074
Markets	12(b)	1,431,876	1,029,587
Faleata Golf Course	12(c)	693,420	638,494
Other Income	12(d)	389,672	131,360
Total Income		**8,985,366**	**11,292,515**
Operating Expenses			
Remuneration costs	13	2,496,103	2,403,791
Administration & Operating costs	14	3,357,905	4,931,862
Audit fees		54,300	15,000
Directors fees and expenses	22	95,125	124,790
Depreciation	11	1,473,422	1,919,771
Total Operating Expenses		**7,476,855**	**9,395,214**
Net Operating Profit		**1,508,511**	**1,897,301**
Finance Expenses			
Interest/fees on borrowings	15	1,178,645	1,200,620
Net Profit before Tax		**329,866**	**696,681**
Income Tax Expense	9(a)	(80,573)	(188,104)
Net Profit after Tax		**249,293**	**508,577**

Figura 15: Declaração de Desempenho Financeiro da SLC junho 2013 -14 (SLC 2014).

7.1.3 Planeamento urbano - Agência de Planeamento e Gestão Urbana (PUMA)

7.1.3.1 Pontos fortes

As funções de planeamento urbano em Samoa são executadas pela Agência de Planeamento e Gestão Urbana (PUMA), criada em 2004. Os conceitos e princípios de planeamento são tão estranhos ao povo samoano como a própria urbanização e, por conseguinte, as funções e responsabilidades da agência não são bem compreendidas nem aceites pela maioria. Por isso, não é surpreendente que aqueles que apoiaram a sua existência e a sua função no desenvolvimento socioeconómico do país sejam os que trabalham para o governo. Seguem-se algumas das reacções positivas e razões apresentadas para justificar a importância do planeamento urbano e do papel do PUMA:

- Incentivar a gestão sustentável e a conservação dos recursos naturais;
- Neutralidade;
- Aplicação da lei;
- Incentivar a inclusão.

(A) . Incentivar a gestão sustentável e a conservação dos recursos naturais

As funções de planeamento urbano desempenhadas pela Agência de Planeamento e Gestão Urbana (PUMA) contribuíram, de certa forma, para a promoção da gestão, utilização e conservação sustentáveis dos recursos naturais e para a avaliação de um desenvolvimento ecológico e amigo do ambiente. Através de instrumentos como o processo de autorização de desenvolvimento e a Avaliação do Impacto Ambiental (AIA), bem como a administração de outros regulamentos e políticas relevantes desenvolvidos ao abrigo da Lei do Planeamento e da Gestão Urbana (Lei PUM, 2004), tem assegurado impactos negativos mínimos de qualquer desenvolvimento proposto, quer pelo público em geral, quer pelo próprio governo.

(B) . Neutralidade

O facto acima mencionado de as instituições governamentais não estarem isentas do processo de AIA e de autorizações de desenvolvimento reflecte o papel e a posição dos planeadores na sociedade, que tem de ser neutra. De acordo com o Guide for Developers, (GOTT 1988), o papel dos planeadores no controlo do desenvolvimento inclui os seguintes factores

- A orientação do desenvolvimento para a utilização óptima dos recursos, a fim de proporcionar ao público a melhor qualidade ambiental possível;
- A conservação e a melhoria do ambiente físico, ecológico, cultural e histórico no qual o desenvolvimento está localizado;
- A proteção do interesse público em termos de saúde e segurança e a prestação de serviços e benefícios normalmente esperados no usufruto da propriedade; e
- A promoção dos interesses económicos da comunidade.

Isto mostrou que, embora o papel dos planeadores seja o de promover e contribuir para o desenvolvimento socioeconómico do país, facilitando os planos de desenvolvimento do governo, isso não significa que estejam sempre do lado do governo e, certamente, não anula o seu papel de defensores dos interesses da comunidade, especialmente dando voz aos grupos vulneráveis e marginalizados da sociedade. Não devem tomar partido com base em favoritismo ou dinheiro, mas sim com base na razão e no que é do interesse do público.

(C) . Execução

A autoridade do conselho de aldeia não é tão poderosa nas áreas urbanas e nalgumas aldeias que são compostas por posse mista. Por conseguinte, há sempre conflitos que surgem nestas áreas com base em questões de higiene e ordem social que são mediadas pelo conselho do chefe nas aldeias rurais onde a sua autoridade é normalmente respeitada por todos devido ao facto de o costume ser fortemente apreendido e também de todas as terras da aldeia serem terras consuetudinárias.

Por conseguinte, algumas das políticas e regulamentos que são aplicados pela agência de planeamento, tais como a Política de Ruído (2007), a Diretriz de Habitação (2006), a Política de Saneamento (2010) e assim por diante, são essenciais para gerir o incómodo e manter a saúde pública e a segurança nas áreas urbanas e dentro das aldeias onde surgem conflitos quando a posse consuetudinária e os interesses dos proprietários de terras livres entram em conflito. A divisão de planeamento, por sua vez, parece assumir a função do conselho tradicional da aldeia, fornecendo a primeira plataforma ou resolução para tais questões, que podem ainda ser levadas a tribunal se a agência não conseguir mediar.

(D) . Incentivar a inclusão

A agência de planeamento, através das suas consultas, encorajou a inclusão de mulheres e crianças na tomada de decisões sobre terras consuetudinárias. Deu a estes grupos frequentemente marginalizados uma voz e uma oportunidade de contribuírem efetivamente para a preparação de políticas e legislações sólidas.

7.1.3.2 Pontos fracos

Seguem-se algumas das deficiências identificadas nas responsabilidades da divisão de planeamento;

- Falta de consulta e participação significativas;
- Partilha de informações e dados desactualizados

(A) . Ausência de consulta e participação significativas

O estudo de caso de Samoa, discutido acima, é um exemplo de má coordenação e comunicação entre o governo e a população quando se trata da preparação de políticas e decisões que afectam a terra. Apesar de terem sido efectuadas consultas, na maioria das vezes os responsáveis pelo planeamento assumem que sabem o que é melhor para a população e, por isso, as consultas são apenas utilizadas como um mecanismo para legitimar as decisões que já foram tomadas. Tal como muitos outros conselhos ministeriais do governo, a agência de planeamento é constituída por um representante da aldeia e do sector privado, como requisito constitucional.

Estes dois métodos são referidos como "manipulação" e "aplacamento" por Sherry Arnstein naquilo a que ela chamou a Escada da Participação dos Cidadãos. Ambos os meios não são aceitáveis para alcançar o objetivo dos planeadores de promover uma abordagem inclusiva e participativa na preparação de políticas e na tomada de decisões. A manipulação, de acordo com Arnstein, envolve o engano absoluto e o emprego de esquemas como inquéritos ou reuniões especificamente concebidos para cumprir os requisitos de participação, especialmente se for um requisito obrigatório de uma organização doadora que financia o projeto. No entanto, não existe um desejo genuíno da parte dos planeadores de ter em conta qualquer feedback recebido sobre o que já foi planeado.

A colocação, por outro lado, inclui a cooptação de membros da sociedade escolhidos a dedo para comités com recompensas monetárias e, embora permita que os cidadãos dêem conselhos sobre os planos, os detentores do poder mantêm o direito de julgar a legitimidade ou a viabilidade dos conselhos (Arnstein 2000). Estes maus métodos de consulta reflectem-se muitas vezes na forma como as pessoas criticam as políticas produzidas e, em muitos casos, custam mais dinheiro em alterações ou acabam por ser completamente destruídas.

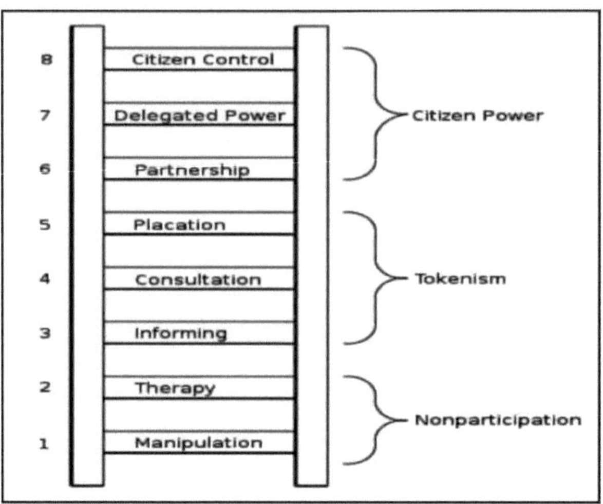

Figura 16: Sherry Arnstein - Ladder of Citizen Participation (Arnstein 2000).

(B) . Partilha de informações e dados desactualizados

A questão da desatualização da informação tem sido continuamente levantada neste relatório. Muitas das políticas ainda utilizam valores e números de inquéritos e registos deixados pelos administradores coloniais quando abandonaram o poder. Nos últimos 50 anos, após a independência de Samoa, muito mudou em termos de padrão de posse e utilização da terra, pelo que devem ser atribuídos fundos para a realização de novos inquéritos e para a atualização das bases de dados e da informação sobre a terra. Isto tem uma importância significativa para a exatidão e a eficiência da preparação de políticas e, de um modo geral, contribui para a tomada de decisões sólidas no desenvolvimento socioeconómico do país. Por exemplo, a Figura 4 mostra o mapa da posse da terra em Samoa, que se baseia em dados e inquéritos de 1990, ou seja, há mais de 10 anos. Desde então, muito mudou no padrão de utilização das terras, uma vez que o aumento da população também aumentou a procura de terras livres e de investidores estrangeiros a quem foram concedidos arrendamentos de terras consuetudinárias.

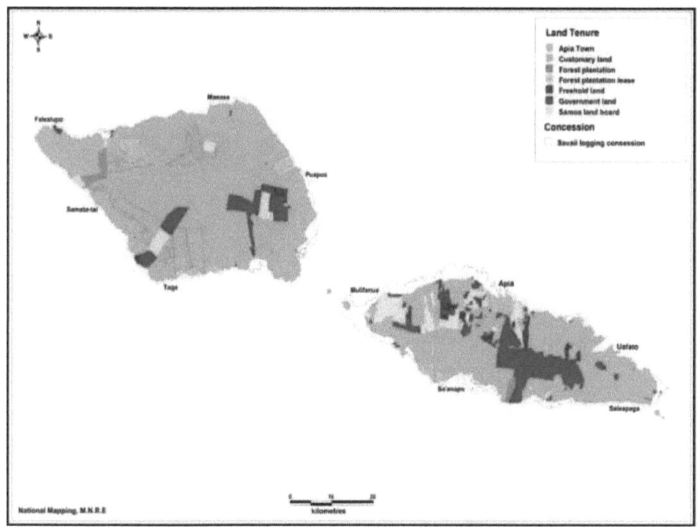

Figura 17: Samoa - Posse da terra (cartografia nacional MNRE 1990).

7.2 Avaliação da Administração Tradicional e Legal das Terras Consuetudinárias - VGGT e Continuidade dos Direitos à Terra

Esta secção fornecerá uma análise e avaliação rigorosas das operações da administração fundiária consuetudinária em Samoa, tanto tradicional como legal, com base nos conceitos subjacentes das Directrizes Voluntárias para a Governação Responsável da Posse de Terra (VGGT) e do Continuum de Direitos de Terra. O Quadro 18 destaca os conceitos e princípios-chave das VGGT que, pelo contrário, são muito semelhantes aos valores fundamentais subjacentes ao quadro do Continuum dos Direitos da Terra. Assim, a administração de terras consuetudinárias no contexto das suas operações, políticas existentes e procedimentos tradicionais e legais na tomada de decisões e resolução de conflitos que envolvem terras consuetudinárias será avaliada com base nos seguintes conceitos.

Quadro 18: Directrizes Voluntárias sobre a Governação Responsável da Posse de Terra - Princípios Orientadores (FAO 2012).

1. Human dignity	Recognizing the inherent dignity and the equal and inalienable human rights of all individuals.
2. Non-discrimination	No one should be subject to discrimination under law and policies as well as in practice.
3. Equity and justice	Recognizing that equality between individuals may require acknowledging differences between individuals, and taking positive action, including empowerment, in order to promote equitable tenure rights and access to land, fisheries and forests, for all, women and men, youth and vulnerable and traditionally marginalized people, within the national context.
4. Gender equality	Ensure the equal right of women and men to the enjoyment of all human rights, while acknowledging differences between women and men and taking specific measures aimed at accelerating de facto equality when necessary. States should ensure that women and girls have equal tenure rights and access to land, fisheries and forests independent of their civil and marital status.
5. Holistic and sustainable approach	Recognizing that natural resources and their uses are interconnected, and adopting an integrated and sustainable approach to their administration
6. Consultation and participation	Engaging with and seeking the support of those who, having legitimate tenure rights, could be affected by decisions, prior to decisions being taken, and responding to their contributions; taking into consideration existing power imbalances between different parties and ensuring active, free, effective, meaningful and informed participation of individuals and groups in associated decision-making processes
7. Rule of law	Adopting a rules-based approach through laws that are widely publicized in applicable languages, applicable to all, equally enforced and independently adjudicated, and that are consistent with their existing obligations under national and international law, and with due regard to voluntary commitments under applicable regional and international instruments.
8. Transparency	Clearly defining and widely publicizing policies, laws and procedures in applicable languages, and widely publicizing decisions in applicable languages and in formats accessible to all.
9. Accountability	Holding individuals, public agencies and non-state actors responsible for their actions and decisions according to the principles of the rule of law.
10. Continuous improvement	States should improve mechanisms for monitoring and analysis of tenure governance in order to develop evidence-based programmes and secure on-going improvements

A Tabela 19 apresenta uma análise abrangente da administração tradicional e legal de terras consuetudinárias com base nos princípios orientadores dos dois quadros de administração de terras e no feedback recolhido no inquérito. Alguns dos destaques e observações gerais incluem os seguintes factores:

-   A discriminação das mulheres e das crianças na tomada de decisões existe porque o patriarcado domina nas aldeias e algumas das sanções que afastam as pessoas das suas terras e danificam as propriedades constituem uma violação dos direitos humanos. No entanto, o tribunal oferece uma plataforma para as vítimas encontrarem alívio;

-   A corrupção e a desigualdade existem em ambos os sistemas e tendem a beneficiar os ricos e os poderosos;

-   As aldeias apoiam mais os projectos governamentais que incentivam a conservação dos recursos, mas é necessário adotar uma abordagem holística na sua utilização e gestão;

-   O governo deve ser inovador nas formas de promover a inclusão na consulta, a fim de obter uma participação significativa das mulheres e crianças que são maioritariamente marginalizadas da tomada de decisões nas comunidades;

-   Ambos os sistemas requerem melhorias nos procedimentos e na tomada de decisões, de modo a refletir a transparência e a responsabilidade, a fim de permitir uma mudança positiva e um crescimento contínuo.

Tabela 19: Avaliação da administração tradicional e legal das terras consuetudinárias com base nos princípios-chave do VGGT e do Continuum dos Direitos à Terra

VGGT & Continuum of Land Rights Key Principles	Traditional Customary Lands Administration	Legal Customary Lands Administration
1. Human dignity	Some harsh village penalties that includes banishing people from the village or destroying their properties, sometimes certain religions are not allowed in some villages which infringe on human rights	The court is more lenient as it recognize human rights and employ common law in decisions and also protect the natives inalienable rights to customary lands
2. Non-discrimination	Custom is slowly changing in terms of discrimination against women and children in the process of decision making, but generally in practice in terms of inheritance and the number of chiefs, there is a strong dominance of patriarchy	Legislations and government plans encourage inclusiveness and a participatory approach in many of its development projects and policy preparation; the court also provides an avenue for women seeking resolution to issues of discrimination; number of women in parliament is slowly increasing as well
3. Equity and justice	Social structure of the village chiefly system allows others usually the powerful to gain more benefit than others and corruption affects equity in access and distribution of resources	The court follows certain procedures and standards and therefore its decisions are more justifiable and neutral
4. Gender equality	Custom is slowly coming to terms with gender equality. Many argues that women have a special place and gets the utmost respect in the Samoan culture, however in terms of decision making they tend to have a limited contribution. Survey also shows limited access and inequality in inheritance of titles and ownership of land compared to men	The court and other ministerial legislations recognizes gender equality and encourage a more inclusive approach in decision making and access to resources and opportunities
5. Holistic and sustainable approach	The village councils are very supportive of government approaches to conserve and protect	Many legislations and policies exists under different ministries that gives legal protection for

	natural resources, however there is still room for improvement in terms of sustainable utilization and management of those resources	some of the most sensitive ecosystems and resources and the court also provides back up by penalizing offenders
6. Consultation and participation	Inclusive participation in village consultations is slowly increasing however, men still assume power and makes the most decision and women and children are marginalized from having meaningful contribution	Though many ministries encourage inclusive participation, their methods of consultations can be improved to be more innovative in ways to acquire meaningful feedback from all age groups and genders
7. Rule of law	Village laws are exists to maintain hygiene and basic social order in the village. Though it provide significant support to police work can sometimes clashes with court laws due to infringement on human rights. Decisions lacks equity and certainty and often involves corruption	The Court system though it provide a platform for people who have harshly affected by the village council's decisions is sometimes view as a Western method of undermining the Samoan way of life and custom as its proceedings and procedures follows the English common law and was introduced during colonialism
8. Transparency	Corruption and manipulation exists in decision making and the distribution of resources	The court follows certain protocols and strict proceedings, however some do not agree with the method of drawing decisions based on court cases from other countries as differences exists in culture and way of life. Corruption also exists in other sectors of the government that manages issues on land and people are not properly addressed and consulted on some of the new legislations that directly affect customary lands

| 9. Accountability | Despite its shortcomings, the village council provides immediate justice to those who offends against village laws and issues involving land unlike the court where parties have to wait for long periods of time for a decision | People who think they have been unfairly treated and abused by a village council's decisions finds comfort by seeking the court as a secondary forum for resolution. Corruption amongst government officials are also settled in court. |
| 10.Continuous improvement | Despite criticisms, there have been changes to the way customary lands is administered by the village council and has shown that it is flexible and can adapt to change. Changes cannot happen overnight but the custom is slowly adapting and coming into terms with it and also with proposed development plans by the government. | A lot needs to be done in terms of updating legislations and policies and more importantly inclusive participation and keeping the public informed of decisions that affects customary lands as it is a very sensitive issue. Government agendas must not be pushed through manipulation as this will end in wasted money on policies that will never be enacted or accepted by people |

7.3 Impactos da Administração de Terras Consuetudinárias no Planeamento Urbano

A terra está no centro de tudo o que se relaciona com a cultura, os títulos, a língua, a família e o povo de Samoa. As terras consuetudinárias são o principal e mais importante recurso natural de Samoa, mas não são utilizadas de forma eficaz para garantir uma produtividade óptima. O ceticismo dos proprietários tradicionais desencoraja-os de apoiar quaisquer planos governamentais de desenvolvimento equitativo de grandes áreas de terras não utilizadas. A pesquisa mostra como os proprietários de terra são muito protectores quando se trata de qualquer abordagem que possa parecer minar e comprometer a sua autoridade para escolher o que fazer com a sua própria terra. Como discutido em capítulos anteriores, esta mentalidade e atitude é o resultado da alienação forçada de terras durante o colonialismo e o facto de ser uma ilha isolada durante milhares de anos fez com que as pessoas se habituassem a um ritmo de mudança mais relaxado e hostil às reformas democráticas. Esta mentalidade tradicional fortemente enraizada e os valores culturais sobre a terra tornaram extremamente difícil iniciar a mudança para uma gestão sustentável, que é uma missão fundamental da divisão de planeamento urbano.

A Constituição e a lei sobre a alienação de terras consuetudinárias proíbem a alienação de terras consuetudinárias de qualquer forma e, mais importante ainda, a sua utilização como garantia para assegurar um empréstimo para fins de desenvolvimento. Embora a posse consuetudinária garanta direitos de propriedade a todos os samoanos, a pressão sobre os recursos limitados está a aumentar à medida que a população cresce. Além disso, a natureza da administração das terras consuetudinárias como propriedade comunitária dificulta a obtenção de consentimento para fins de desenvolvimento, não só da família alargada mas também do conselho da aldeia. Os conflitos entre o governo e a população sobre as terras consuetudinárias ou entre as próprias aldeias afectam geralmente o desenvolvimento em termos de vandalismo, atrasando ou perturbando o acesso e a distribuição de serviços e infra-estruturas às comunidades vulneráveis e, por vezes, custando muito dinheiro para a restauração e a manutenção dos serviços.

A discrição dos limites é uma desvantagem das torras consuetudinárias que as torna pouco atractivas para fins de desenvolvimento, uma vez que este conhecimento é transmitido de geração em geração verbalmente e muitas vezes ineficaz, pois as incertezas causam disputas sobre títulos e entre famílias. Para além das limitações das terras consuetudinárias no crescimento económico, o planeamento e o controlo do desenvolvimento também registaram grandes retrocessos na realização de progressos para garantir e assegurar a conservação dos recursos naturais e a saúde e segurança públicas, através da implementação de normas de desenvolvimento coerentes, devido às limitações que enfrentam por parte das pessoas que ocupam terras consuetudinárias. Esses desafios são discutidos a seguir:

(A) . **Atraso na execução dos planos de desenvolvimento:** A obtenção do consentimento de todas as partes e famílias que têm direitos sobre uma parcela de terra consuetudinária provoca grandes atrasos na execução de planos de desenvolvimento ou na aquisição de terras para facilitar utilizações públicas, tais como infra-estruturas e serviços sociais.

(B) **Restringir o apoio financeiro e técnico das ajudas estrangeiras:** De acordo com Hughes (2004), o governo australiano está a optar pela solução de minimizar as ajudas financeiras ao Pacífico, incluindo Samoa, devido à ideia de que as pessoas dependem demasiado destes fundos ao ponto de não utilizarem os seus recursos naturais em seu benefício e, em particular, Hughes salientou que as terras consuetudinárias constituem um obstáculo importante que proíbe a utilização óptima das terras para incentivar o investimento de capital, a fim de facilitar e financiar a execução dos planos de desenvolvimento e o crescimento económico.

(C) . **Vandalismo de infra-estruturas e equipamentos sociais:** Em retaliação ao início do sistema Torrens em 2008 como uma reforma à posse de terra consuetudinária, muitas aldeias danificaram estradas, sinalização e destruíram áreas conservadas para demonstrar a sua rejeição dos planos do governo de iniciar um novo sistema de posse de terra (Ye 2009).

(D) . **Perturbação dos serviços e ameaça à saúde e segurança públicas:** Em 2012, houve um intenso motim entre a polícia e a aldeia de Satapuala quando o Supremo Tribunal rejeitou a sua reivindicação de 8000 acres de terra que foram tomados pelos administradores alemães entre 1899 e a Primeira Guerra Mundial. O governo iniciou um plano de construção de um hospital e de melhoria das infra-estruturas para toda a província, que foi despedida após o sucedido. Uma altercação com a polícia perturbou o fluxo do tráfego, afectou os voos internacionais, ameaçou a segurança do público e deu aos estrangeiros uma visão inquietante e aterradora.

Figura 18: Aldeia de Satapuala contra Governo de Samoa sobre terras consuetudinárias (Freedom House 2013).

(E) . **Poluição dos recursos:** Algumas das práticas tradicionais que são permitidas até à data na aldeia incluem métodos insustentáveis de pesca ou de desenvolvimento agrícola que são prejudiciais para os recursos naturais e não estão em conformidade com muitos procedimentos e legislações de planeamento do desenvolvimento.

(F) Não cumprimento: Existe uma cultura de violação da lei e uma forte mentalidade em que as pessoas interpretam as legislações e os projectos de desenvolvimento propostos que afectam as terras consuetudinárias como uma tentativa de minar a sua autoridade sobre as suas terras.

(G) . **Marginalização das mulheres e das crianças:** O sistema patriarcal de herança dos direitos à terra e o facto de as mulheres não poderem ser chefes marginalizou-as do processo de tomada de decisões sobre questões relacionadas com a terra.

(H) . **Desafios ao planeamento participativo e de defesa:** A marginalização das mulheres e das crianças devido às razões supramencionadas é outra questão prejudicial que contribui para o fracasso dos planeadores e do governo em iniciar uma mudança ou uma alteração do sistema de planeamento no sentido de uma abordagem participativa e de defesa do planeamento.

O inquérito mencionou muitas vantagens da administração tradicional e legal das terras consuetudinárias, bem como do sector do planeamento urbano, mas também levantou uma série de preocupações que são críticas e que têm de ser resolvidas rapidamente. Esta urgência na procura de soluções é importante, uma vez que os desafios da urbanização são intensificados pelas vulnerabilidades às alterações climáticas e aos riscos naturais, enquanto pequeno Estado insular em desenvolvimento.

CAPÍTULO 8

CONCLUSÃO E RECOMENDAÇÕES

Em conclusão, os resultados mostram claramente que o povo samoano compreende as consequências socioeconómicas que enfrenta em resultado da subutilização das terras consuetudinárias, bem como os potenciais benefícios que podem contribuir para o desenvolvimento do país e para o nível de vida se forem utilizadas de forma mais produtiva. No entanto, uma história de autoridades corruptas, juntamente com legislações e instituições manipuladoras, que teve início durante o colonialismo, continua a ter efeitos de arrastamento que se reflectem em algumas das legislações que afectam as terras consuetudinárias hoje em dia, tendo ensinado às pessoas uma atitude e uma mentalidade cépticas contra qualquer tentativa que pareça minar os seus direitos de propriedade sobre as suas terras.

Isto, por sua vez, teve um impacto negativo no cumprimento dos deveres e responsabilidades do planeamento urbano na manutenção da saúde e segurança públicas, através da aplicação de certas normas de desenvolvimento que promovem e asseguram a utilização sustentável, a gestão e a proteção dos recursos naturais. Alguns destes incidentes incluem ameaças físicas, vandalismo de infra-estruturas governamentais, interrupção de serviços e violação dos direitos humanos através de actos de corrupção e da marginalização de certos grupos da tomada de decisões e de consultas.

É verdade que as terras consuetudinárias estão no cerne da cultura samoana e que mudar isso significa a degradação dos valores e práticas culturais que estão ligados à terra. No entanto, as terras consuetudinárias já deram sinais de flexibilidade e de capacidade para evoluir e incorporar mudanças ao longo do tempo. O aumento da população, a expansão da urbanização e dos desenvolvimentos, uma base de recursos limitada e a vulnerabilidade aos riscos naturais e às alterações climáticas significam que as futuras alterações aos terrenos consuetudinários são inevitáveis e que, de alguma forma, o costume tem de se conformar lentamente com isso. Estes são apenas alguns dos problemas em comparação com outros pequenos Estados insulares em desenvolvimento, razão pela qual deve ser dada prioridade ao papel dos planeadores urbanos.

No entanto, isto não pode ser alcançado se a questão das terras consuetudinárias não for abordada, uma vez que os planeadores não podem impor ou fazer cumprir normas e políticas de desenvolvimento sem a plena cooperação e compreensão do público. Para além disso, a introdução do sistema Torrens mostrou que o governo não pode ganhar a confiança do público implementando à força um sistema que parece ameaçar os direitos de propriedade das pessoas, particularmente quando estas não foram devidamente abordadas e consultadas. Embora as terras consuetudinárias possam representar alguns contratempos para o planeamento urbano e para os objectivos nacionais de desenvolvimento económico, as perspectivas das pessoas não podem ser ignoradas e as várias altercações violentas que ocorreram no passado provaram a que tácticas manipuladoras e enérgicas podem conduzir.

Por conseguinte, deve ser adoptada uma abordagem integrada a fim de assegurar que a administração tradicional e legal das terras consuetudinárias e o planeamento urbano sejam paralelos em termos de normas seguidas na tomada de decisões, de complementaridade e não de contradições nas legislações e, sobretudo, de uma atitude mais inclusiva e participativa quando se trata de questões que envolvem terras consuetudinárias. O êxito de um determinado sistema num país estrangeiro desenvolvido não significa necessariamente que produzirá o mesmo resultado numa pequena ilha como Samoa e, tal como ilustrado pelo caso da Papua Nova Guiné, é possível chegar a uma solução ideal envolvendo plenamente o público e não subestimando os seus conhecimentos.

O governo deve dar o exemplo através de uma maior transparência e responsabilidade na tomada de decisões sobre questões fundiárias e encontrar formas de promover lentamente essa agenda na administração tradicional de terras consuetudinárias. Ao mesmo tempo, a divisão de planeamento urbano também deve desempenhar o seu papel, sendo a voz dos membros marginalizados da sociedade e ser inovadora nas consultas para garantir uma participação significativa de todos os grupos etários e géneros. As suas decisões devem refletir a equidade e a igualdade e a sua posição neutra, em vez de favoritismo e de atuação como mero instrumento governamental utilizado para obter legitimação e aprovação pública para determinados desenvolvimentos.

REFERÊNCIAS

Arnstein, S. R. 2000. "A Ladder of Citizen Participation" In *The City Reader,* editado por R. T. Gates e F. Stout, 2ª ed., 240-252. T. Gates e F. Stout, 2ª ed., 240-252. Nova Iorque: Routledge Press .
Armitage, L. 2001. *Customary Land Tenure in Papua New Guinea: Status and Prospects.* Brisbane: Queensland University of Technology.

Belwood, P. S. 1980. "The Peopling of the Pacific". *Scientific American* 24(3): 174 - 185.

Besson, J. 2003. "History, Culture and Land in the English-speaking Caribbean". In *Workshop on Land Policy, Administration and Management for the English-speaking Caribbean, 19 - 21 de março de 2003,* 1 - 45. Porto de Espanha, Trinidad.

Brown, K. 2005. *Reconciling Customary Law and Received Law in Melanesia: The Post-Independence Experience in Solomon Islands and Vanuatu.* Darwin, Austrália: Charles Darwin University Press. 248

Cooter, R.D.1989. *Issues in Customary Land Law.* Instituto de Assuntos Nacionais: Port Moresby. 1 - 11.

Corrin, J. 2009. "Moving Beyond the Hierarchical Approach to Legal Pluralism in the South Pacific". *Journal of Legal Pluralism and Unofficial Law* 43(59): 29 - 49.

Crocombe, R. (1987) Land Tenure in the Pacific, Universidade do Pacífico Sul. Suva. Pp 1 - 7.

FAO (Organização das Nações Unidas para a Alimentação e a Agricultura).2012. *Directrizes voluntárias sobre a governação responsável da posse da terra, das pescas e das florestas no contexto da segurança alimentar nacional.* Roma:FAO. 1 - 39.

Farran, S. 2011. 'Navigating between Traditional Land Tenure and Introduced Land Laws in Pacific Island States." *Journal of Legal Pluralism and Unofficial Law 43 (64):* 65 - 90.

Franco, J.C. 2008. "Um Quadro para Analisar a Questão das Reformas Políticas Pró-Pobre e a Governação em Terras Públicas/Estado: A Critical

Perspetiva da Sociedade Civil". No *Seminário Internacional FIG/FAO/CNG sobre Gestão de Terras do Estado e do Sector Público, 9 -* 10 de setembro de 2008.

GOS (Governo de Samoa). *Constituição do Estado Independente de Samoa,* 1962. Apia: GOS.

Governo de Samoa, (2006) *Customary Land Tenure Review - Technical Assistance Report No. 25.* Apia. 1 - 34. 4-12.

GOS (Governo de Samoa). 2006. *Revisão da posse de terras consuetudinárias -*

Inquérito sobre terras e administração: Segundo Projeto de Infra-estruturas e Gestão Patrimonial de Samoa (SIAM II). Apia. 1 - 27. Pg 16.

GOS (Governo de Samoa*) Estratégia para o desenvolvimento de Samoa 2012 - 2016.* Ministério das Finanças. Apia: GOS. 1 - 61.

GOS (Governo de Samoa). 1965. *Lei sobre a Alienação de Terras Consuetudinárias.* Apia: GOS.

GOS (Governo de Samoa). 1981. *Lei sobre terras e títulos.* Apia: GOS

GOS (Governo de Samoa). 2004. *Lei do Planeamento e da Gestão Urbana.* MNRE. Apia: GOS.

GOS (Governo de Samoa). 1964. *Lei sobre a tomada de terras.* Apia: GOS

GOS (Governo de Samoa). 1984. *Lei sobre os fonos de aldeia.* Apia: GOS

Gutto, S. B. O. 1995. *Propriedade e Reforma Agrária: Constitutional and Jurisprudential Perspectives.* Butterworths, África do Sul. 1 - 45.

Hughes, H. 2003. "A ajuda falhou no Pacífico". *Issue Analysis 33:1 - 32.* Centro de Estudos Independentes. Nova Gales do Sul.

Iati, I. 2009. *Controversial Land Legislation in Samoa: Não se trata apenas de terras.* Apia. 1 - 18.

Jones, P. 2002. "Growing Pacific Towns and Cities". *Australian Planner 39(4): 186 - 193.* Routledge: Londres.

Le Roux, P. e J, Graaff. 2001. "Evolutionist Thinking". In *Development: Theory Policy and Practice.* Oxford University Press, África Austral. 1 - 58. 27-43.

Mallick, O. B. 2005. *Rostows Five-Stage Model of Development and its Relevance in Globalization, Escola de Ciências Sociais,* Faculdade de Educação e Artes, Universidade de Newcastle. 1 - 23. 6.

Mata'ese, F. 2015. "Demise of Customary Lands - The Other Side of the Story". Acedido em 16 de agosto de 2016. https://www.youtube.com/watch?v=LVXBSLrN1JU.

Mugambwa, J. 2007. "A Comparative Analysis of Land Tenure Law Reform in Uganda and Papua New Guinea" [Uma Análise Comparativa da Reforma da Lei da Posse da Terra no Uganda e na Papua Nova Guiné]: *Journal of South Pacific Law,* 11(1): 1 - 17. Universidade de Murdoch, Perth.

Nayacakalou, R. R. 1960. "Land Tenure and Social Organization in Western Samoa." *Journal of the Polynesian Society* 69(104): 104-122)

NZLC (Comissão Jurídica da Nova Zelândia). 2006. *Converging Currents - Custom and Human Rights in the Pacific (Correntes convergentes - Costumes e direitos humanos no Pacífico),* Biblioteca Nacional da Nova Zelândia, Wellington. 1 - 285.

Ollenu, N. A. 1962. *Principles of Customary Land Law in Ghana.* Staples Printers, Londres. 1 - P4.

O' Meara, J. T. 1987. "Customary Individualism." In *Land Tenure in the Pacific 3rd edition* R.Crocombe. Universidade do Pacífico Sul: Suva.

PMA (Pacific Media Association).2014. "Samoa: Líderes de aldeia devem pagar US$ 863.710 por incêndio criminoso, proibição". Acedido a 16 de agosto de 2016. http://pacific- media.org/archives/31458.

SBS (Serviço de Estatística de Samoa). 2012. *Relatório analítico do Censo Agrícola 2009*. Apia: SBS. 1 - 82. 1 - 7.

SBS (Serviço de Estatística de Samoa). 2016. *Produto Interno Bruto - Trimestre de dezembro de 2015*, Apia: SBS. 1 - 21. 1-4.

SBS (Serviço de Estatística de Samoa). 2011. *Relatório analítico do Censo da População e da Habitação 2011*. Apia: SBS. 1 - 86.

SLC (Samoa Land Corporation). 2013. Relatório de auditoria da Samoa Land Corporation 2012 - 13. Apia: SLC. 1 - 28

SLC (Samoa Land Corporation). 2014. Relatório de auditoria da Samoa Land Corporation 2013 - 14. Apia: SLC. 1 - 26.

Susskind, L. E. e I. Anguelovski. 2008. *Addressing the Land Claims of Indigenous People (Abordando as Reivindicações de Terra dos Povos Indígenas): Programa de Direitos Humanos e Justiça.* Instituto de Tecnologia de Massachusetts, Massachusetts. 1 - 110. 17.

Taulealo, I. T.; D. S. Fong e P. M. Setefano. 2008. *Samoan Customary Lands and the Crossroads - Some Options for Sustainable Management*, Apia. 3 - 9.

Thomas, P. 1986. "Western Samoa: A Population Profile for the Eighties " *Islands/Australia Working*, 86 (14). Universidade Nacional Australiana: Canberra.

Tiffany, S. W. 1974. "O Tribunal de Terras e Títulos e a Regulamentação das Sucessões e Remoções de Títulos Consuetudinários na Samoa Ocidental". *Journal of the Polynesian Society* 83(1): 35 - 57

PNUA (Programa das Nações Unidas para o Ambiente), 2012. *Integrated Water Resources Management Planning Approach for Small Island Developing States (Abordagem de Planeamento da Gestão Integrada dos Recursos Hídricos para os Pequenos Estados Insulares em Desenvolvimento).* Ecomedia Ltd, Quénia: PNUA. 1 - 140.

UN-Habitat (Programa das Nações Unidas para os Assentamentos Humanos). 2015. *Teoria da propriedade, metáforas e o continuum dos direitos à terra*. Nairobi, Quénia: UN-Habitat. 1 - 48.

UN-Habitat (Programa das Nações Unidas para os Assentamentos Humanos. 2012. *Handling Land: Innovative tools for land governance and secure tenure.* Nairobi, Quénia: 1 - 143.

UN-Habitat (Programa das Nações Unidas para os Assentamentos Humanos). 2009. *Planear Cidades Sustentáveis - Relatório Global sobre Assentamentos Humanos.* Nairobi: Quénia. 1 - 295.

UN-OHRLSS (Gabinete do Alto Representante das Nações Unidas para os países menos desenvolvidos, os países em desenvolvimento sem litoral e os pequenos Estados insulares em desenvolvimento. 2011. *Small Islands Developing States - Small Islands Bigger Stakes,* Nova Iorque. 1 - 32.

Whittal, J. 2014. "Um novo modelo concetual para o continuum dos direitos fundiários". *South African Journal of Geomatics* 3(1): 32 P14.

Ye, R. 2009. *Torrens e posse de terra consuetudinária: A case study of the Land Titles Registration Act 2008 of Samoa.* Wellington, Victoria University. 827 - 859.

Zurstrassen, M. 2012. *Programa de Desenvolvimento Judicial do Pacífico - Relatório Final do Projeto de Investigação sobre Resolução de Litígios Consuetudinários.* Apia. 1 - 49. P23.

APÊNDICES

Apêndice I: Agências governamentais - Questionário

1. Sexo

Masculino
      Feminino

2. Idade

____ Sub 15
_ 15 - 24
_ 25 - 34
_ 35 - 44
_ 45 - 54
_ 55 - 64
____ 65+

3. Tipo de residência

____ Terrenos tradicionais
____ Terreno livre
____ Aluguer/arrendamento
____ Alojamento público
____ Outros: ______________________________

4. Ocupação

____ Empregado do governo/sector público
____ Empregado do sector privado
____ Estudante
____ Outros: ______________________________

5. Há quanto tempo é funcionário da atual organização/ministério/divisão?

____ Menos de um ano
_ 1 - 5 anos
_ 5 - 10 anos
____ Mais de 10 anos

6. De um modo geral, como classificaria a sua compreensão da administração tradicional e legal das terras consuetudinárias em Samoa?

1_   2_3_4_5_
           ExcelentePéssimo

7. Descreva sucintamente o papel/missão da sua agência/divisão de acordo com o seu mandato institucional.

8. O seu mandato estrutural/institucional define o papel da sua agência no que respeita à administração e gestão das terras consuetudinárias?

SIM
NÃO
Não claramente definido
Não sei

9. Por favor, classifique o nível de impedimentos e desafios que a administração de terras consuetudinárias coloca no cumprimento das responsabilidades estatutárias da sua agência e na prestação de serviços

Sempre__ Às vezes__   Dificilmente__ Nunca

10. Numa escala de 1 a 5, avalie a importância das terras consuetudinárias para o desenvolvimento cultural, político, ambiental e socioeconómico de Samoa.

	Very Important	Somehow Important	Neutral	Not Important at all
Cultural				
Political				
Environmental				
Social				
Economic				

11. Em geral, como classificaria a qualidade da administração fundiária tradicional consuetudinária (ou seja, os tabus culturais e os procedimentos...)? Exemplo - Sistema principal na gestão de terras em Samoa?

Excelente

Pobres

12. Em geral, como classificaria a qualidade do sistema jurídico existente (ou seja, o Tribunal de Terras e Títulos e as suas leis e procedimentos e a legislação e políticas ministeriais) na gestão das terras consuetudinárias em Samoa?

1   Excelente

                                              4__5
Pobres

13. Qual é a eficácia da administração tradicional e legal das terras consuetudinárias em Samoa para atingir os seguintes objectivos?

	Very Effective	Somewhat Effective	Neutral	Ineffective
Marine Conservation & Protection				
Coastal Ecosystems Conservation & Protection				
Forestry Conservation & Protection				
Water Sources Conservation & Protection				

Government Service Provision & Infrastructure Construction				
Local and Foreign Investment				
Peace and Social Order				
Equal Access and Distribution of Resources				
Gender Equality				
Tenure Security				
Eradication of Corruption				

14. Indicar a percentagem estimada da superfície total das terras consuetudinárias de Samoa que é utilizada para fins agrícolas

___ Menos de 5%
__ 5 - 15%
__ 15 - 25%
__ 25 - 35%
__ 35 - 45%
__ 45 - 55%
__ 55 - 65%
__ 65 - 75%
___ >75%

15. Até que ponto concorda com a seguinte afirmação? "O sistema de administração consuetudinária das terras de Samoa é predominantemente patriarcal!"

Concordo fortemente__ Concordo__   Neutro__   Discordo__   Discordo fortemente__

16. Indicar a percentagem estimada das parcelas de terra em Samoa que são propriedade de mulheres.

___ Menos de 5%
__ 5 - 15%
__ 15 - 25%
__ 25 - 35%
__ 35 - 45%
__ 45 - 55%
__ 55 - 65%
__ 65 - 75%
   >75%

17. Indique uma estimativa da percentagem de mulheres chefes em Samoa.

Menos de 5%
5 - 15%
15 - 25%
25 - 35%
35 - 45%
45 - 55%
55 - 65%
65 - 75%

>75%

18. Classifique o grau de inclusão das mulheres e das crianças no processo de tomada de decisões sobre questões fundiárias consuetudinárias em Samoa

Sempre__   Por vezes__   Dificilmente__   Nunca

19. Considera que o sistema geral de administração fundiária consuetudinária em Samoa deve ser mantido ou alterado?

Actualizado___   Alterar___

20. Porquê? (Explique brevemente a(s) razão(ões) da sua resposta à pergunta anterior)

Apêndice II: Questionário comunitário

1. Sexo

Homem
Mulher

2. Nome da aldeia: _______________________

3. De um modo geral, como classificaria a sua compreensão da administração tradicional e jurídica das terras consuetudinárias em Samoa?

            1__2__3__4__5__

                                              ExcelentePéssimo

4. No seu entender, dê uma estimativa da percentagem de parcelas de terra na sua aldeia que são propriedade de mulheres.

     Menos de 5%
     5 - 25%
     25 - 45%
     45 - 65%
     Mais de 65%

5. Dê uma estimativa da percentagem de chefes "mulheres" na sua aldeia.

___ Menos de 5%
_ 5 - 25%
_ 25 - 45%
_ 45 - 65%
     Mais de 65%

6. Até que ponto concorda com a seguinte afirmação? "O sistema de administração das terras consuetudinárias de Samoa é predominantemente patriarcal!"

            1__2__3__4__5__
Concordo   fortementeDiscordo fortemente

7. Numa escala de 1 a 5, classifique o grau de inclusão de mulheres e crianças no processo de tomada de decisões sobre questões de terra na administração tradicional de terras consuetudinárias.

            1__2__3__4__5__
                                              SempreNunca

8. De um modo geral, como classificaria a contribuição e o papel das terras consuetudinárias no desenvolvimento socioeconómico de Samoa?

            1__2__3__4__5__
Muito importanteNão é de   todo importante

9. Qual é a eficácia da administração tradicional das terras consuetudinárias (leis e procedimentos do conselho de chefes de aldeia) para alcançar os seguintes objectivos?

	Very Effective	Somewhat Effective	Neutral	Ineffective
Marine Conservation & Protection				
Coastal Ecosystems Conservation & Protection				
Forestry Conservation & Protection				
Water Sources Conservation & Protection				
Government Service Provision & Infrastructure Construction				
Local and Foreign Investment				
Peace and Social Order				
Equal Access and Distribution of Resources				
Gender Equality				
Tenure Security				
Eradication of Corruption				
Agricultural Development				

10. Considera que o planeamento (papel da Agência de Planeamento e Gestão Urbana PUMA) é importante para o desenvolvimento socioeconómico de Samoa?
Sim _
Não
Não sei ____

11. Em geral, como classificaria a eficácia do Sistema Legal (políticas e legislações ministeriais e o Tribunal de Terras e Títulos) no tratamento de questões de terras consuetudinárias?

    1__2__ 3__ 5__

Muito eficaz   Ineficaz

12. As suas terras/propriedades ou as de algum dos seus familiares foram afectadas por uma decisão do conselho da aldeia ou do Tribunal de Terras e Títulos? (Se a resposta for SIM, passe à pergunta seguinte; se for NÃO, passe à pergunta 14)

SIM NÃO
13. Numa escala de 1 a 5, indique o seu grau de satisfação relativamente à decisão e à execução dos procedimentos adoptados.

2__
3__
4__
5__
Muito Satisfatório Muito   Insatisfatório

14. As suas terras/propriedades ou as de algum familiar seu foram objeto de uma decisão da Divisão da Agência de Planeamento e Gestão Urbanística (PUMA)? (Se a resposta for SIM, passe à pergunta seguinte; se for NÃO, passe à pergunta 16)

SIM__NO__

15. Numa escala de 1 a 5, indique o seu grau de satisfação relativamente à decisão e à execução dos procedimentos adoptados.

1__2__3__4__5__

Muito SatisfatórioMuito   Insatisfatório

16. As leis e procedimentos de administração de terras consuetudinárias impedem algum aspeto da sua vida? (Se a resposta for SIM, passe à pergunta seguinte; se for NÃO, passe à pergunta 18)

SIM__NO__

17. Como? - - - - -

18. As leis e procedimentos habituais de administração de terras beneficiam-no de alguma forma? (Se responder SIM, passe à pergunta seguinte; se NÃO, passe à pergunta 20)

SIM__NO__

19. Como? - - - - -

20. Acha que o atual sistema de administração de terras consuetudinárias deve ser mantido ou alterado? (Se responder ALTERADO, por favor passe à pergunta 21)

ALTERAR_MANTER_NÃO   SEI__

21. Que mudanças deseja que sejam implementadas? - - - -

I want morebooks!

Buy your books fast and straightforward online - at one of world's fastest growing online book stores! Environmentally sound due to Print-on-Demand technologies.

Buy your books online at
www.morebooks.shop

Compre os seus livros mais rápido e diretamente na internet, em uma das livrarias on-line com o maior crescimento no mundo! Produção que protege o meio ambiente através das tecnologias de impressão sob demanda.

Compre os seus livros on-line em
www.morebooks.shop

Printed by Books on Demand GmbH, Norderstedt / Germany